航空维修差错预防与管理

主　编　蔡海鹏　张亿军　闵雅婷
副主编　段新华　吕志忠　谭卫娟
　　　　王炳坤　范启华
主　审　刘建桥　袁敦伍　刘雨晴

U0234020

北京理工大学出版社
BEIJING INSTITUTE OF TECHNOLOGY PRESS

内 容 提 要

本书以航空维修事故预防的理论方法及预防措施为主线，从航空维修事故预防与控制的概念和理论基础入手，系统介绍了航空维修差错的定义、发展与分类，航空维修差错与航空事故的关系，航空维修差错理论及模型，航空维修差错致因分析，航空维修差错管理原则，航空维修差错预防措施，中国民航飞机维修 APS 理论在预防航空维修差错中的应用等内容。

本书内容通俗易懂，实用性强，可作为航空维修相关专业教材，也可作为 CCAR—147 维修基础培训机构培训用书，还可作为民航维修人员、航空兵部队机务人员培训参考书。

版权专有　侵权必究

图书在版编目（CIP）数据

航空维修差错预防与管理 / 蔡海鹏，张亿军，闫雅婷主编. -- 北京：北京理工大学出版社，2023.7
ISBN 978-7-5763-2587-4

Ⅰ.①航⋯　Ⅱ.①蔡⋯ ②张⋯ ③闫⋯　Ⅲ.①航空器－维修－管理－研究　Ⅳ.①V267

中国国家版本馆CIP数据核字（2023）第130933号

出版发行 / 北京理工大学出版社有限责任公司
社　　　址 / 北京市丰台区四合庄路6号院
邮　　　编 / 100070
电　　　话 / （010）68914775（总编室）
　　　　　　（010）82562903（教材售后服务热线）
　　　　　　（010）68944723（其他图书服务热线）
网　　　址 / http://www.bitpress.com.cn
经　　　销 / 全国各地新华书店
印　　　刷 / 河北鑫彩博图印刷有限公司
开　　　本 / 787毫米×1092毫米　1/16
印　　　张 / 12　　　　　　　　　　　　　　　　　责任编辑 / 阎少华
字　　　数 / 257千字　　　　　　　　　　　　　　　文案编辑 / 阎少华
版　　　次 / 2023年7月第1版　2023年7月第1次印刷　　责任校对 / 周瑞红
定　　　价 / 59.00元　　　　　　　　　　　　　　　责任印制 / 王美丽

图书出现印装质量问题，请拨打售后服务热线，本社负责调换

前　言

　　2018年9月30日，习近平总书记在接见四川航空"中国民航英雄机组"时就民航安全工作作出重要指示："安全是民航业的生命线，任何时候、任何环节都不能麻痹大意。民航主管部门和有关地方、企业要牢固树立以人民为中心的思想，正确处理安全与发展、安全与效益的关系，始终把安全作为头等大事来抓。要加大隐患排查和整治力度，完善风险防控体系，健全监管工作机制，加强队伍作风和能力建设，切实把安全责任落实到岗位、落实到人头，确保民航安全运行平稳可控。"

　　航空领域，安全第一。在技术和管理上，航空飞行安全都依赖于航空器的适航性，归根结底取决于人为因素。军队和民航事故统计表明，大部分空中飞行事故都是由地面原因引起的。因此，在航空维护、检查、修理和大修领域的安全管理，特别是航空维修差错的预防和管理，对飞行安全至关重要。

　　从20世纪90年代中期起，国外的人为因素理论开始在我国民航领域传播。这些理论中的代表性观点主要有霍金斯SHEL模型、海恩法则、墨菲定律和事故链原理，操作方法主要有波音公司的MEDA程序和普惠公司的人为因素调查方法等。这些理论和方法在我国民航飞机维修业中逐渐被吸收、利用，并在防止维修差错方面发挥了重要的作用。人的行为和人为因素是相通的，军用航空维修和民用航空维修不论管理、技术还是维修活动中产生的人为差错都有很多相似之处，人为因素理论对两者预防人为差错仍有指导意义，两者预防维修差错的经验和做法也值得相互借鉴，应该相互交流。

　　本书的编写源于业内一直缺乏一本专门针对航空维修差错预防与管理的教材，源于教学团队对培养航空维修专业大类的民航机务人员与部分机务业务军士、导弹维修专业军士教学多年的探索与实践总结。本书在编写过程中汲取了任课教师团队多年的教学经验和成果，参考了诸多国内外航空院校的资料，融合了多年来学生对航空人为因素课程内容的反馈，紧密联系航空维修人为因素领域的新发展、新变化，大量吸收和借鉴了国内外的研究资料和成果，对航空维修差错的定义、理论模型、致因分析以及预防措施进行了较为详细的阐述。同时在内容安排上注重理论与实际维修工作案例的联系与融合，专业内容与课程思政有机结合，力求内容充实、案例丰富、针对性强，充分反映了当前航空维修一线的实际，便于学生学习掌握。

本书由长沙航空职业技术学院组织企业、部队和兄弟院校在航空维修差错预防与管理方面有丰富管理经验、教学经验的人员组成专门编写团队来编写，由国营洛阳丹城无线电厂蔡海鹏、长沙航空职业技术学院张亿军、闵雅婷担任主编，其中蔡海鹏负责第3、4章，张亿军负责第1、2、6章，闵雅婷负责第5章；由长沙航空职业技术学院段新华、吕志忠，西安航空职业技术学院谭卫娟、王炳坤，福建船政交通职业学院范启华担任副主编，其中段新华负责第7章，谭卫娟、王炳坤负责书稿电子资源制作，吕志忠、范启华负责书稿的汇总、编排和校对；由凌云科技集团有限责任公司原副总工程师刘建桥、中国人民解放军第93033部队袁敦伍、长沙航空职业技术学院刘雨晴主审。在本书的编写和前期课程教学及准备过程中，得到了长沙航空职业技术学院、国营洛阳丹城无线电厂的鼎力支持，还有航空公司专家、部队专家提出了很多宝贵的意见和建议，书中也引用了很多学者的论文、论著及其研究成果，这些对于本书的编写都起到了非常重要的作用，在此表示深深的敬意和诚挚的感谢！

因编者水平有限，加之本书内容涉及范围广泛，难免有疏漏之处，敬请各位专家和读者批评指正。

本书提供了国家职业教育飞行器维修技术专业教学资源库课程配套资源供学习者使用，课程网址：http://zyk.cavtc.cn/?q=node/71281。

编　者

目 录 Contents

航空维修差错概述

【学习目标】

【知识目标】

（1）了解航空维修差错管理与控制的发展历程、航空维修差错的分类。

（2）理解航空维修差错对航空安全的影响、航空维修差错的特点。

（3）掌握航空维修差错的基本定义。

【技能目标】

（1）通过分析飞行事故原因随时间变化图，能够描述航空维修差错对航空安全的重大影响。

（2）通过对差错、人为差错、航空维修差错的概念辨析，能够说出航空维修差错的含义与主体特征。

【素质目标】

（1）坚守敬仰航空、敬重装备、敬畏生命的航修文化。

（2）坚持零缺陷、无差错的职业素养。

（3）践行极端负责、精心维修的航空机务职业道德。

【情境导入】

1994 年 6 月 6 日，西北航空公司李刚强机组驾驶图 –154M 型 B2610 号飞机执行西安至广州航班任务。该飞机于 8 时 13 分由咸阳机场起飞。离地 24 s 后，机组报告飞机发生飘摆，保持不住，飞机"嗡嗡嗡"地响。8 时 22 分 42 秒，飞机在空中解体，坠毁在距离咸阳机场 140° 方位、49 km 处的西安市长安县[①] 鸣犊镇（图 1–1）。机上人员为 160 名，其中旅客 146 名（外籍及境外旅客 13 名）、机组人员 14 名全部遇难。是什么原因造成如此严重的后果呢？

西北航空"6.6 空难"
警示片（动画）

事故原因分析：

事后查明，这是一起典型的航空维修差错导致的飞行事故，直接原因是地面维修人员在更换ⅡKA-31 安装架时，错插Ⅲ7、Ⅲ8 插头，导致飞机的动稳定性变差，使飞机失去控制，造成飞机空中解体。这起空难充分暴露出西北航空公司在机务维修工作中的漏洞，飞机维修人员无证上岗操作，维修某些关键部位没有制定安全操作规程和检查检验规定，以致插错插头酿成大祸，教训极为深刻。

图 1–1　西北航空 1994 年 6 月 6 日图 –154M 飞机事故现场

① 今为长安区。

1.1.1　小差错酿成大事故

航空维修既是保证飞行安全运行的重要保障，也是造成飞行或维修事故的重要因素。航空维修差错是诱发或直接导致事故征候、飞行事故和地面事故最重要的原因之一，一个小小的差错有可能酿成灾难性的事故。

1996年10月夜间，一架波音757飞机发生严重飞行事故，70余人遇难。事故原因为地面维护人员清洗飞机过程中，忘记撕掉粘在飞机外部静压口的塑料胶带，导致飞机高度、速度显示异常，最终飞机失去控制，坠入太平洋。

2005年8月14日，太阳神航空公司522号班机发生空难，机上115名乘客及6名机员全部遇难。事故的主要原因为飞机维修工程师做完机舱加压测试后，忘记将加压手柄"手动模式"变回"自动模式"，而飞行员未有察觉。飞机起飞不久，就报告空调系统故障，然后与地面失去联系，希腊空军派出两架F-16战斗机，飞行员在3 400英尺①高空发现飞机，并看到机组副机长趴在驾驶舱的仪表板上不省人事，另一名驾驶员不见踪影，机上人员因缺氧失去意识，最终无人操控的飞机燃油耗尽后坠毁。

在地面试车过程中，由于维修差错，飞机冲出被撞坏，发动机吸入外来物被打坏，导致人员受伤；地面起落架系统在放起落架过程中意外伤人；通电检查或充填加挂过程中飞机失火，导致飞机损毁等问题时有发生。

一块小小的塑料胶带、一个小小的螺钉，哪怕小小的差错，微不足道的问题，也会穿过层层防线，形成闭环的事故链，最终酿成大事故。航空维修差错危害大，涉及范围广，防控难度大。

1.1.2　航空维修差错导致事故的比例在增大

据统计，全球飞行事故万时率总体呈下降趋势，前期下降较明显，后期进展缓慢，虽然飞行事故万时率持续下降，但是人为差错飞行事故和机械原因飞行事故的减少并不同步，要慢很多。以图1-2中国、美国和世界飞行事故万时率变化情况为例，给出世界航空安全发展趋势。1990年以后，不同步问题更加突出，人为差错和机械原因飞行事故所占比例呈现明显发展趋势，即人为差错飞行事故所占比例持续增大，从早期的30%~40%逐步上升到70%以上；机械原因飞行事故所占比例持续减小，从早期的60%~70%逐步下降到10%范围内，并趋于稳定，如图1-3所示。这表明随着科学技术的全面进步和系统安

----

① 1英尺≈0.304 8 m。

全工程技术的推广，飞机、设备的安全性和可靠性越来越高，由飞机本身设备故障导致的事故越来越少。

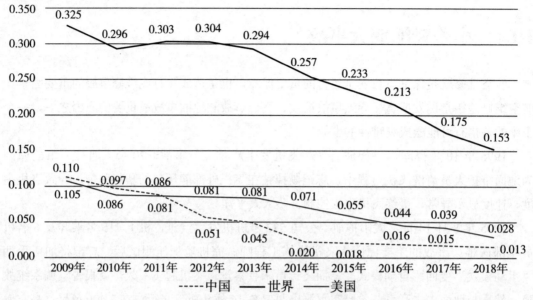

图 1-2 中国、美国、世界飞行事故万时率变化情况

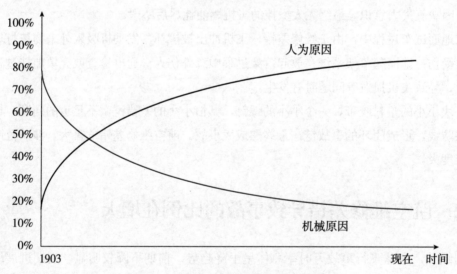

图 1-3 飞行事故原因随时间变化情况

仔细分析这些人为差错导致的飞行事故发现，许多飞行事故是在飞行员身体良好、飞行状态稳定、飞机质量完好、飞行课目简单、气象保障正常的情况下发生的，即在非应急状态下由于飞行人员自身局限原因导致的出人意料的飞行事故。它同空中出现发动机停车、气象条件骤变等特殊情况时发生的飞行事故有着本质不同。美国空军对早期 600 起空中危险接近事件的原因进行统计分析，其中 86% 发生在能见度大于 9 km 的昼间简单气象条件。俄罗斯空军 70% ～ 80% 的飞行事故原因为人为差错，其中非应急状态下人为差错

性飞行事故占 69%。这些数据都在证实，大多数飞行事故是由人的低级错误导致的，人为差错已成为危及世界航空安全的主要因素。人是一个复杂的系统，人为差错产生的原因非常复杂，防控难度极大，人为差错的根本在人，要想降低飞行事故率，就要更加有效地关注导致事故的人为差错的原因。

作为人为差错重要组成部分的航空维修差错存在同样问题。特别是为了提高飞机出动率、缩短再次出动准备时间，机务维护人员在恶劣维护环境状态，处于高度紧张的环境中维护保障飞机，随着训练强度的加大，维修人员在高度复杂的航空系统中工作经常要承受巨大的时间压力，经常要夜班工作，这些变与不变的因素致使航空维修差错成为影响飞行安全的突出问题。在维修过程中，由于维修任务、作业环境、控制方式等的不同，会出现不同类型的维修差错，其内在的机制也会有所不同，因而需要不同的差错管理措施，维修差错管理与预防面临更大的挑战。

1.2　航空维修差错管理与控制的发展历程

【情境导入】

英国航空5390号班机飞行的是一条由伯明翰前往西班牙马洛卡的定期航班。1990年6月10日，飞机在飞行过程中驾驶室中的一块挡风玻璃突然飞脱，并将机长吸出机外。凭着副机长的努力，飞机安全降落于南安普敦，而且机长也奇迹般生还。

事故原因分析：

1990年6月8日，夜班维修值班经理早早地来到班上，为了赶上办理交接手续和校对本班工作任务。他刚休息了4天，这是他在5周中的第一个夜班。

值班经理发现任务很重，特别是因为领班和持证的维修人员都不上班。这个值班经理就是班上唯一持证的维修人员，他必须担当维修、分派工作和帮助其他维修人员的任务。工作计划表明下一个白班将缺少人手，并且5390号班机的清洗工作必须按时完成。5390号班机的机长风挡还需要更换。为了将飞机准备好交给清洗组清洗，值班经理决定自己更换风挡。

大约在凌晨3点，他找出维修手册，查阅更换风挡的程序。他没有戴眼镜，虽然他已有两年没有更换过风挡，但在简单地查阅手册后，他相信这是一项简单的工作，不要求做压力检查或重复检查。

在卸下风挡后，他注意到某些螺栓已损坏或锈蚀，他决定更换这些螺栓。在紧固件货架处光线很暗，而且标签已破损。他不知道螺栓正确的件号，只是将旧螺栓同新螺栓放在一起对比尺寸便认定这是正确的尺寸。他取了84只这种螺栓和一些用于边角位置的长螺栓返回飞机，他没有注意到所拿的螺栓比他卸下的螺栓略细。

用于安装风挡的专用扭矩扳手没有经过校准，在没有其他可用工具的情况下，值班经理要求仓库领班将这只未经校准的工具设定为20磅/英寸，随即开始安装这些螺栓。

这架飞机已被倒拖入机库，大门关闭。关上的机库门使工作梯无法放到机头前面的正确位置。结果他将工作梯放在机头的侧面。

这是一个很不恰当的位置，他必须伸手跨过机头作业，这使他在安装时无法看到螺栓，仅能凭借感觉。他没有发现螺栓装配到位后埋头比正常的要低，这在正常情况下是很容易看清的。他自己完成了工作并签了字。

两天后，飞机飞到17 300英尺高度，突然一声巨响，机长面前的风挡脱落。

这是一起人为因素在航空维修中的典型案例。这一严重飞行事故征候与多个人为因素问题有关，包括维修经理在识别更换螺栓时的感知失误、库房内照明不好、没有戴眼镜、生理节奏的影响、工作实践及可能的飞机结构和设计因素。

调查人员进行深入调查，发现维修过程中竟然存在13个不规范之处，如果维修管理过程中能够及时注意到其中之一，并且加以改正，这次事故就不会发生。这次事故暴露出经验丰富的维修人员所犯的错误，穿过组织管理的漏洞酿成严重事故。

  航空界对人为差错的研究源于20世纪40年代，早期的研究主要集中于飞行人员人为差错研究。随着对航空安全认识的深入，逐渐将航空安全上升到系统工程的角度同等对待，于20世纪90年代初开始关注和系统研究航空维修差错问题。那么航空维修差错管理与控制发展经历了哪几个阶段呢？

【知识学习】

1.2.1 人员防控阶段

  20世纪40年代至60年代是人员防控阶段。航空维修差错与航空发展相伴而生，自从有了飞机，就有了航空维修和航空维修差错。早期的航空维修差错防控起源于事故频发倾向论，这一理论认为：某些人较其他人更容易发生事故，导致事故最根本的原因是少数具有事故倾向者，把一切事故的原因都归咎于人的差错。航空维修差错防控的核心是选拔合适的航空维修人员和淘汰容易犯错的人员。进一步的研究表明，经过训练，人的操作可靠性可大为改善，使人类在简单重复性操作中的错误频率从最初的1/1 000~1/100降低到1/10 000~1/1 000。基于这样的事实，人们意识到尽管人为差错在所难免，但通过对人为差错的性质、类型和来源进行识别，可以采取培训、训练等有效措施加以预防，达到减少错误的目的，人们开始关注航空维修的培训，目光还是局限于从人的角度解决维修差错问题。航空界针对维修人员文化程度低、整体业务技术水平不高等问题，深化培训训练改革，加大院校正规培训力度，出台了一系列岗前训练、提高培训质量等重大举措，维修人员业务水平和维修技能明显提高，维修差错事故万时率持续下降。

  该阶段的特点是注重人的选拔和培训，让人适应装备的特点，从航空维修人员的角度解决维修差错问题。

1.2.2 技术防控阶段

  20世纪70年代至80年代中期是技术防控阶段。人们对航空事故进行研究，结果表明许多典型的人为差错长期以来在不同机型和军种中反复出现，这说明人为差错只是事故链上最后一个环节，其潜在隐患早已存在。在系统安全理论引导下，人们将航空维修差错产生的原因归结为两个方面：一是由于工作条件设计不当，即超越了人的生理、心理可接受的限度；二是由人的不恰当行为造成的失误。其中，设计、制造、使用维修、管理等方面的缺陷是差错的诱因，是事故的主要起因。

  基于这一观点和航空装备系统安全理论的指导，人们广泛开展了人机工效学、防差错维修性和测试性设计等技术研究，并广泛应用于航空维修实践，通过技术手段改善航空维修环境，减少维修差错的诱因。同时，人们发现检查把关能有效避免和降低差错导致的严重后果，在差错管理方面开始引入读卡质检、复查等管理措施，有效避免和降低了维修差错严重事故的发生，维修差错事故万时率明显下降。

该时期的特点是人们开始关注维修差错的诱因，强调人机相互适应并用工程技术抑制维修差错的发生。

1.2.3　组织防控阶段

20 世纪 90 年代至今是组织防控阶段。维修差错的问题明显减少，这时飞机已经很先进，维修人员的专业水平也非常高，但是经常在一些经验丰富的维修人员身上产生维修差错，并导致严重后果，这引起航空界的警觉，人们开始关注维修差错的深层问题，也就是人为差错的组织因素。

早在 1978 年，英国社会学家特纳就在《人为灾难》一书中，将大规模技术系统中的灾难描述为"一系列非故意的人为差错，与组织因素不断累积而酿成的结果"，首次从理论上揭示了事故致因中的组织因素，为安全观念的转变奠定了基础。人们普遍树立了维修差错不可避免，但是可防可控的理念，并确立了减少差错、捕获差错、包容差错的防控原则，试图在新的方法和手段上进行突破。

1997 年，Shappell 和 Wiegman 应美国海军的邀请，完成了人为因素分析与分类系统（Human Factors Analysis and Classification System，HFACS）的研究，该系统的理论基础是 Reason（里森）模型的隐性差错和显性差错模型。该系统问世以来，就被其他军方（如美国空军、陆军及加拿大空军）作为一种对已经发生事故进行调查和分析的辅助工具。2001 年，Schmidt 发表了《运用 HFACS 对美国运输安全委员会筛选航空维护事故的回顾》，报道了采用 HFACS 对 15 份航空公司航空维修事故的分类分析结果，认为主要的航空维修差错类型是不恰当的维护程序和操作，不适宜的监控、管理和进程单填写，缺乏班组协调，训练和准备缺陷，判断与决策错误及少量的程序性违规。

2003 年以来，美国海军安全中心航空安全学校一直致力于 HFACS 对航空维修人误分析分类的研究，取得了许多有意义的结果。2004 年，在航空维修差错的组织因素研究方面，借鉴人为因素分析与分类系统，美国海军和波音公司推出了著名的维修差错辅助决策（MEDA）方法，为维修差错事后调查和分析提供有力的技术支撑。同时，借鉴"机组资源管理训练"的成功做法，在维修差错防控方面引入"维修资源管理训练"，为综合防控维修差错奠定了基础。除上述降低维修差错率的措施外，国外将维修人员的人为因素培训、工作文件的设计、维修人员疲劳问题的研究也提到了前所未有的高度。

该时期的特点是人们开始关注维修差错的深层问题，从系统和组织的角度解决维修差错，在理念、技术、机制、文化等方面飞速发展，航空维修差错管理进入新的阶段。

1.3 航空维修差错的基本概念

【情境导入】

　　A 航司甲机组在孔探完飞机左边发动机后，按维护手册要求进行发动机地面试车，左发动机启动时，遗落在左发动机里的扳手打坏发动机，造成发动机损坏。

　　B 航司乙机组在孔探完飞机左边发动机后，认为一切正常，没有按维护手册要求进行发动机地面试车，在第二天航前发动机启动时，遗落在左发动机里的扳手打坏发动机，造成航班延误、发动机损坏。

　　两个相似的案例，我们怎么去区分违规和维修差错呢？

【知识学习】

　　人为因素是以人的因素为基本点，通过对事故、设备和环境进行分析，深入研究其与人的生理、心理及行为之间的相互关系，从而找出预防事故、避免人为差错的办法。

　　人为差错是人为因素的核心内容，在具体工作中一般把人为因素理解为人为差错，涉及心理学、生理学、人体测量学、工程学、医学、社会学和统计学等多个学科，并具有很强的实践性。对于航空领域，人是航空系统中最活跃、最易受到影响的主体。人为因素研究以航空活动中人的表现为目标，运用系统工程的思想和方法，研究、分析人与系统中的硬件、软件和环境的相互关系，以及差错的性质、类型和来源，改善航空活动中人的表现，寻求预防和克服差错的方法，最终达到保障飞行安全、提高飞行效益的目的。

1.3.1 差错

　　差错是计划行动未能达到预期目标，在没有不可预见的或偶然干扰情况下发生的偏离预期目标的行为及其后果。

　　差错定义中的附加限制很重要，因为它将可控制的或者主动的行为同偶然的行为区分开来（无论好坏）。例如，如果一大块太空碎片突然从天而降将你击倒，使你可能无法到达预定的目的地，我们不能说这就是差错。相反，某人打高尔夫球，把球击偏了，结果击中了一只偶尔飞过的鸟，然后球滚进洞里，目的显然是达到了，但是其行为仍然是错误的。

　　所有的差错都涉及某种类型偏离了预定的行为过程、偏离了实现预定目标的行为路径，或行为中偏离了适当的运行程序。有时，这些偏离中涉及违反法则，如超速驾驶。在本书中，我们将违规视为单独的一个类别，尽管它们可能是由于失误而犯下的。

原计划的行为无法达到目的的方式基本上有以下三种。

（1）行为计划完全正确，但是行为本身没有按计划进行。这类差错称为基于技能的差错，包括过失、失误等。基于技能的差错涉及注意力（过失）和记忆（失误）的失效。

（2）行为可能完全按计划进行，但是计划本身并不足以达到预定目标。这类差错称为错误。它们可以分为基于规则的错误和基于知识的错误两种。过失和失误发生在执行层，而错误是在处理问题时产生（偏离了预定行为过程），涉及制订计划层次的失效。

（3）行为还可能有意地偏离安全的工作方法。这类偏离可能涉及违反正式的规则和程序，但也可能是违反了未成文的规范或标准操作。

1.3.2 人为差错

"人为差错"一词在人们日常生活和复杂系统的安全研究中广泛使用。韦氏新大百科词典对"error"有5种不同的解释，但其中有两个基本点：偏离某种规范或标准、操作者的无意行为。这两个基本点集中体现了目前许多研究者对人为差错的界定。事实上，在某些情况下，操作者也可能会有意违反某种规范或标准，称为违章（Violation）。显然，人为差错与违章都会危及安全，属于不安全行为（Unsafe Act）。人为差错表现形式主要为疏忽、失检、失误。

1. 疏忽

疏忽主要是指在完成某项工作中出现的差错。如一个机械员知道如何安装一个液压泵，但在用扳手旋紧泵的固定螺钉时因用力过大而损坏了连接部位的结构，也被称为岗位差错。

2. 失检

失检是指在回顾与一项工作相关的信息时出现的差错。例如，一个机械员在安装了5颗螺钉中的3颗后被叫去协助完成另一项工作，当他回来再继续进行原来工作时忘记还有两颗螺钉没有安装而直接进

机械员疏忽大意，
接反调整片钢索
（动画）

行下一个工序，也称为遗漏引起的差错。再如，曾有一个机械员在安装飞机液压管路时仅将管路接头带上几扣，还未完全上紧时到了休息的时间就去休息了，当结束休息继续工作时管路看起来已经安好，他忘记管路接头并没有拧紧，结果造成进行飞机供液压测试时该管路接口处大量漏油。

3. 失误

失误多是指在工作安排中出现的过失。如在飞机系统出现故障时认为不需要按工作程序进行故障隔离、分析，以前见过类似问题，直接更换设备，故障未能排除再转用其他的办法。结果按照故障隔离手册只是有条不紊地进行简单的排故过程。因为所谓的经验无端地绕了许多弯路，既没能节省时间，又导致了一些不必要的人力浪费。

1.3.3　航空维修差错

人们都熟悉航空维修差错的具体事例，但对航空维修差错的含义与主体特征认识不一定深入、完整和准确。航空维修差错是指在维修活动中，由于受到各种内外在因素影响，维修人员发生的与维修目的要求偏离的行为偏差，并伴随有秩序和状态的异常，以及造成装备损坏或人员伤亡的意外后果。其后果大小决定了维修差错性质的严重程度。

丢失维修工具
手电筒（动画）

系统工程观点认为，航空维修是人—机—环境系统协调活动，维修差错的发生是由于维修人员在这个系统中的行为破坏了人—机—环境系统的整体协调性。维修差错本质是人的失误，失误是人的行为发生了偏差，偏离了维修目的。维修行为偏差的表现形式复杂多样，常见的形式是丢、错、漏、损、伤。其中，丢、错、漏是直接的行为特征，损、伤则已将行为特征转化为事物特征。从本质上讲，先有人的行为偏差，然后由行为偏差转化为事物异常。例如，忘盖油箱盖的维修差错，本质行为偏差是"忘"，导致的事物异常是油箱盖未盖。

某单位实习机械师在一次出动机务准备检查发动机进气道时，因临时有其他工作，随手将手电筒放在左进气道内，忘记拿走手电筒。机械员清点工具时发现手电筒不见后，报告机械师，该机械师认为可能遗落在着陆线了，未组织机组人员认真查找，致使发动机启动时手电筒被吸入发动机，发动机启动后声音异常，喷口喷火，发动机紧急停车，经检查，左发动机压缩器一级叶片严重变形，二级叶片两片有缺口，造成一起地面人为责任打坏发动机事故。

航空维修差错特征中涉及后果性描述问题，即差错的具体标准、后果的程度分为三类：一是秩序、状态异常；二是装备损坏；三是人员伤亡。具体的量值标准，尚未统一。一般而言，标准值越低，质量管理就越严格。例如，领错航材一事有三种不同情况：一是领来后就发现弄错型号；二是装机后检查中发现弄错；三是使用后发现弄错。三种情况后果严重程度不同，人们可能对此有不同的鉴别标准。最宽松的是装机使用后认定为维修差错，宽松的是装机后认定为差错，最严格的是领错就认定为差错，因为其行为已造成浪费工时的秩序异常后果。

航空维修差错后果用异常、损坏、伤亡来描述，属于定性的描述，将异常、损坏、伤亡分别赋予定量的度量。如工时损失、停场损失、器材经费损失、附加工时及其他形式损失。将定量的损失程度和危险程度混合，则可将航空维修差错后果划分为重大、较大与一般航空维修差错。

航空维修差错对维修质量的影响，除后果严重程度外，还有同类维修差错频繁程度的差别，即多发性与偶发性维修差错之分。严重性和多发性是从两个不同侧面描述航空维修差错后果，它们都是航空维修差错的控制重点。

1.4 航空维修差错的分类与特点

经统计分析，2005—2015 年中国民航共发生 473 起典型的航空维修差错，见表 1-1，在 473 起事件中，刮碰飞机 199 起，占 42.1%；错误拆装 62 起，占 13.1%；误放滑梯 49 起，占 10.4%；漏拔销子 / 管套 35 起，占 7.4%；工具丢失 30 起，占 6.3%。上述前五类事件累计占比近 80%。

表 1-1　航空维修差错典型案例统计表

事件类型	数量 / 起	比例 /%	事件类型	数量 / 起	比例 /%
刮碰飞机	199	42.1	遗留吸入外来物	12	2.5
错误拆装	62	13.1	误动电门 / 手柄	9	1.9
误放滑梯	49	10.4	机坪违章运行	6	1.3
漏拔销子 / 管套	35	7.4	着火冒烟	5	1.1
工具丢失	30	6.3	加错油液	4	0.8
漏检漏项	23	4.9	时控件超期	2	0.4
违规放行	21	4.4	导航数据库过期	1	0.2
人身伤害	15	3.2			

从表中可以看出，有的差错会反复出现，有的差错是偶尔一例，对这些差错进行总结，该如何分类？它们有哪些特点呢？

【知识学习】

1.4.1　航空维修差错的分类

维修差错的分类对于辨识和分析航空维修差错成因非常必要。维修差错有多种分类方式，按性质分，维修差错可分为差错和违规；按发生差错的主导原因分，维修差错可分为维修作风型差错、机能失常型差错技术技能型差错、组织管理型差错；按人机界面分，维修差错可分为设计差错和操纵差错；按表现形态分，维修差错可分为随机差错、系统差错和偶发错；按行为特征分，维修差错可分为遗漏差错、添加差错和替代差错；按后果危害程度分，维修差错可分为导致秩序或状态异常的差错、装备损失的差错和人员伤亡后果的差错。

维修差错分类方式不同，分析维修差错的角度和方法就不同，本节主要按发生差错的主导原因的方式对航空维修差错进行分类。

1. 维修作风型

这类差错是维修人员责任心不强、维修作风差、工作马虎、盲目蛮干、违反规章制度及操作规程而发生的维修差错。其主要特征如下：

（1）发生差错者知道工作原理、构造、操作方法和后果，能够正确操作。

（2）从主、客体相互关系看，维修人员处于主导地位，即只要操作人员认真对待工作，差错完全可以避免。

2016 年 11 月 2 日，某航一架 B737 飞机空中左发出现"ENGRG FAILURE"信息后自动停车，飞机应急备降。落地后检查发现左发燃调（HMU）与燃油流量传感器之间的燃油管接头的 4 个连接螺杆中有两个未拧紧。

经调查发现，在更换燃调过程中，其中两个螺杆难以接近，工作者在拧紧上述两个螺杆时，未认真按照飞机维护手册要求使用力矩扳手，致使飞机起飞后燃调漏油并最终导致左发空中停车，反映了工作者未能严格按照手册进行施工，缺乏安全意识，作风不严谨。

2. 机能失常型

这类差错是由于维修人员生理机能发生下降，导致对外界干扰的抵抗能力下降，判断能力也随之下降，继而发生差错。其主要特征如下：

（1）发生差错者多为熟练且工作责任心较强的维修人员；

（2）从主、客体相互关系看，维修人员主体在受到严重干扰后，发生差错的可能性增加。

3. 技术技能型

这类差错是维修人员因缺乏必要的专业知识和操作技能，缺少应有的专业培训，违反了操作程序、技术要求和安全规定而造成的维修差错。其主要特征如下：

（1）差错发生者不懂技术要求和检查方法，在操作中，搞不清楚怎么做正确，怎么做错误。

（2）维修人员不能评估自己的行为后果，从主客相互关系上看，维修人员处于被动地位，只要这些人实施维修操作，随时都有发生差错的可能。经常发生在不经常做的工作或新的维修人员身上。

4. 组织管理型

这类差错是由于组织管理不好，分工不清，工作协调不好，工作程序紊乱，不能正确有效地协调维修过程中的人—机—环境各环节相互关系而导致的差错。其主要特征如下：

（1）差错涉及两个或两个以上的环节，其中至少有两个环节违反了客观规律。

（2）从预防角度来看，管理者和维修人员往往不能独立控制整体行为的后果，差错能否避免取决于系统的完善程度。

军队某部组织元旦开飞大检查，某型机 15 号机、17 号机、20 号机地面同时试车，特设分队长负责检查这 3 架飞机的并联供电情况，在接好 20 号机并联供电检查仪去另一架飞机的过程中，疏于观察，被吸入进气道受重伤。导致这起地面事故的直接原因是，特设分队长违反规定的行走路线，误入发动机进气区；警戒人员没有及时发现制止，造成分队长试车吸入。事后检查发现，一个机务中队在同一个区域同时组织 3 架飞机地面试车，又同时安排一名特设人员在 3 架飞机上检查并联供电情况，客观上为事故的发生创造了条件。主观上，中队长组织管理不力，违反规定多架飞机同时试车；特设分队长精力不集中，误入发动机进气区；在场负责警戒的人员精力不集中、责任不落实，形同虚设，直到特设分队长走近离机头仅 2 m 时才被发现，制止不及，最终导致了事故发生。

1.4.2　航空维修差错的特点

维修差错的特点是维修差错本质的具体反映。深入研究差错的特点，对揭示发生维修差错的规律具有重要的作用。只有对航空维修差错的事实进行全面系统的分析，才能总结出航空维修差错的特点，从而研究得出发生航空维修差错的规律，制定有针对性的航空维修差错预防措施。

航空维修差错具有以下主要特点。

1. 客观性

早在 2 000 多年前，罗马演说家西塞罗就说过：人都有犯错误的倾向，错误是人类行为的必然组成部分。尽管人们难以接受这一观点，但在人类频频失误面前，又不得不接受这一观点。墨菲定律指出，"人们做某件事情，如果存在一种错误的做法，迟早会有人按这种错误的做法去做。"墨菲定律也说明了人犯错误的必然性。研究表明，重复做一个简单的动作，人犯错误的频率为 1/1 000~1/100，也就是说，在简单重复性操作动作中，每 100~1 000 次操作发生一次错误是正常的，这是人类固有的错误倾向。进一步的研究表明，经过训练，人的操作可靠性可大为改善，使人类在简单重复性操作中的错误频率降低到 1/10 000~1/1 000。基于这样的事实，可以用一种积极的观点看待维修差错，尽管人的失误在所难免，但通过对人为差错的性质、类型和来源进行识别，可以采取有效的措施加以预防，达到减少错误的目的。

2. 可传递性

维修人员在操作过程中，前一个差错可以诱导后一个差错，后一个差错可以扩展前一个差错或再发展成下一个差错，即差错具有可传递的特征，并且这种传递规律是非线性的，可能具有放大作用。一个差错就像一个病原体，具有传染性，不及时预防，就可能诱发严重事故。例如，2014 年 5 月 7 日，某航在进行空客 A321 飞机的牵引过程中，现场机务指挥人员被飞机前轮卷入导致挤压受伤，送往医院抢救无效死亡。

在牵引飞机过程中，相关岗位人员缺乏安全敏感性，未按手册程序要求使用轮挡，规章意识淡薄，未按维护手册和工作程序要求进行牵引工作前准备。工作者自我保护意识不足，应急处置措施欠妥。一个差错接着一个差错，最终导致严重事故。

3. 不确定性

维修差错的发生受到多种因素的影响，它的发生没有什么规律，具有很大的不确定性。

维修差错的不确定性首先表现在人的不确定性上。由于不同的人具有不同的遗传品质、生活环境和生活经历，因而在特定的工作环境中便有不同的错误频率。在人为因素的历史上，有人曾经提出过"事故倾向者"的概念。意指在同等紧急的情况下，有的人比别人具有更高的差错发生率。事实表明，人与人之间在错误的发生频率上具有很大的个体差异。造成这一差异的原因有两种解释：一种解释是个体差异是与生俱来的，如有的人虽然反应敏捷，反应速度快，但粗心、错误率高；另一种解释是个体差异是在后天的特定生活环境中习得的，是个体在成长过程中不良的生活习惯造成的。例如，有的人生来并不是一个粗心大意的人，但由于特定的生活环境和生活经历，养成了粗心大意、错误率高的不良品质。无论哪种解释，它都提示我们：一方面，必须加强维修人员的心理选拔及时淘汰那些具有"事故倾向性"品质的人；另一方面，必须加强教育，塑造自己良好的行为习惯，对具有"事故倾向性"品质的人要进行针对性教育和训练。

差错的不确定性还表现在出现相同的差错其原因可能不同。例如，同一维修人员在某一段时间里，可能会比其他时间犯更多的错误，其原因既可能是他在这一段时间里正处于较高的应激状态中（如家庭纠纷、人际关系紧张等），也可能是他的工作动机发生了变化，或者由于疲劳、健康等问题所引起。对于不同的维修人员来说，同样的错误，既可能是由于经验不足，也可能是由于粗心大意。由此可见，对于差错的分析，应该放在具体的情境中去考虑。

4. 重复性

同样的维修差错会重复出现。事故的统计分析表明，组件安装不正确、装错部件、将物品（工具等）遗留在飞机上、润滑不够、整流罩或检查口盖未紧固、燃油或滑油箱盖未盖好等问题导致的事故重复发生，从未绝迹。究其原因，首先，人为差错往往与系统、体制、编制、氛围等有关，这些问题的解决是一个长期过程，解决的滞后性导致同一差错重复出现。例如，早期经常发生滑油箱盖未盖好，导致滑油漏光，滑油系统失效的事故，其原因就在于没有针对性的根本措施，后来对油箱盖进行防差错设计，杜绝了滑油箱盖盖不好导致事故的发生。其次，从主体上看，人为差错往往集中于少部分人，具有事故倾向性品质的人比别人有更高的差错发生率，这也是同样的差错重复出现的原因。

5.可逆性

差错的可逆性是指差错可以在后面工作中被发现并纠正，从而将差错转化为可逆性的错误，避免差错导致严重后果。例如，机械员加油未盖好油箱盖，机械师复查发现，及时得以纠正，油箱盖未盖好差错转化为可逆性错误。飞行事故统计表明，大多数的飞行事故不是一次错误酿成的，而是多次错误串联在一起的结果。差错的可逆性特点表明，要充分发挥人的主观能动性，建立健全各项规章制度，筑牢安全防线，及时排查纠正错误，避免造成严重后果。

一般来说，维修差错发生并危及飞行安全，必须具备以下三个条件：

（1）飞机结构上存在出现差错的可能。

（2）人出了差错。

（3）管理上出了漏洞。

维修差错的产生及最终危及安全的后果，是由这三个基本事件交错构成的事件链，这些事件一环扣一环，最终导致事故。航空维修差错的特点是人为差错本质的具体反映。深入研究航空维修差错的特点，对揭示发生人为差错的规律具有重要的作用。

思考题

1. 以西北航空公司图–154M型B2610号飞机空难事故为例，分组讨论航空维修差错对航空安全的影响，并提出预防措施。

2. 航空维修差错管理与控制的发展经历了哪几个阶段？

3. 简述航空维修差错的定义。

4. 画出航空维修差错的分类及特点的思维导图。

【延伸阅读】

传承夏北浩精神、争当夏北浩传人

夏北浩（1938—1988），广东新会人。1938年出生于双水镇接龙村，1957年参加中国人民解放军。次年毕业于空军航空学校机械班。1960年加入中国共产党。历任空军机械师、副中队长、团机务大队大队长、副团长、师副参谋长、师机务处主任，是中共九大、十大代表。在维护飞机中，对技术精益求精，注重摸索规律，积累经验，总结出一套检查路线化、操作程序化、掌握渐变防突变的维护方法。1964年3月，沈阳军区将空1师机械师夏北浩维护检查飞机的经验和方法进行了一次较系统的总结，以"夏北浩检查法"的名义，在军区空军范围内普遍推广。7月空军召开现场会，全面推广"夏北浩检查法"，9月空军下发《关于立即掀起学习"夏北浩检查法"热潮的通知》，指出夏北浩是空军工程机务维护工作中的一面红旗，是机务人员的标兵。同年，空军授予夏北浩"机械师尖兵"

荣誉称号。夏北浩的刻苦钻研精神，科学工作方法，忠实勤奋的工作态度和优良作风，成为航空机务人员宝贵的精神财富。

夏北浩曾经维护过12架飞机，年年月月达到"无故障、无外来物、无缺陷、无锈蚀油垢"的"四无标准"，从来没有影响过飞行。飞行员称赞他维护的飞机看着舒心、用着顺心、飞着放心。他虽然文化水平不高，但热爱学习，有股钻劲，上了飞机不是摸就是看，通过研究飞机机件的变化，分析其他机组发现、排除故障的经过，研究上级有关技术通报的内容，先后整理出130条维护经验，做到了装备"一口清"、故障"一摸准"。练就了过硬技能，夏北浩并没有满足，他把这一切当做攀登高峰的开始，经过千百次反复实践，终于摸出了检查飞机路线化、操作程序化的一整套检查方法，被命名为"夏北浩检查法"，主要内容如下：

（1）检查飞机路线化。夏北浩根据条令、规程所规定的检查内容，按飞机的结构特点和各部位、各系统的自然顺序，以安装机件最密、检查内容最多的地方为集中点，摸索出一套完整的分片检查飞机路线。这些路线把飞机上的所有机件都串联起来，把条令、规程所规定的检查项目，都井然有序地加以编排。顺着路线去检查飞机，就如同"顺藤摸瓜"，一项不漏，避免了"一瞄一大片、机件论堆看"的弊病。在按路线检查飞机时，他还根据飞机的寿命情况、使用特点、故障规律和自然条件等，明确在当地当时的飞机维护工作重点，合理地分配注意力和时间，在普遍检查的基础上，对有些机件和部位有重点地加强检查（图1-4）。

图1-4 机械师尖兵——夏北浩

（2）操作程序化。在飞机维修工作中，有多种形式的操作，如检查、拆除、测试、调整、修理等，工作量大，时间紧，技术性较强，发生差错的机会也较多。一旦发生"丢、错、漏、忘"，往往造成不良后果，威胁飞行安全。夏北浩把条例、规程、安全规则、技术要求和维护经验的有关内容，科学地安排在整个操作过程中，把正确的方法、步骤、操作顺序、相互关联及注意事项等，用一定的形式固定下来，并在操作中坚持责任制，中间"不换手"，不留"尾巴"，以加强第一手的工作。操作程序化，保证了工作质量，提高了工作效率。对一个有多项检查内容的机件，或是对某些机件、系统需要进行综合检查时，有了相应的操作程序，就可以又快又好地实施检查。这一方法不仅适用于外场维护，也适用于内场修理。夏北浩创造的这套检查维护飞机的科学方法，被称为"三三四四""两化""三要"，很快传遍全空军每个机场，为广大机务人员所接受，有力地推动了空军机务维护工作质量水平的提高。

"夏北浩检查法"是空军工程机务人员先进的思想、优良的作风、科学的方法和娴熟的技术的集中表现。夏北浩有明确的为飞行服务、对安全负责的思想。他认为，作为一个工程机务人员，要对战斗胜利负责，对战友安全负责，对国家财产负责。为此，就要精心维修飞机，坚持质量第一，自觉按章办事，认真听取飞行人员的反映；严肃对待故障，保证飞机不带故障和疑点飞行；爱护飞机，节约器材和油料。他认为，飞机上的故障缺陷、外来物、锈蚀、油污等，是保证飞行安全的"敌人"，检查飞机时，必须有"敌情"观念，不能麻痹"轻敌"。夏北浩在上飞机进行工作前坚持想条令、条例的规定和任务要求，工作中想方法步骤，工作后想有没有遗漏。在检查飞机时坚持该看到的看到，该摸到的摸到，该听到的听到，该嗅到的嗅到。领导不在场和在场一样，冷天、热天和一般气候条件一样，飞机没有故障和有故障一样，飞行结束晚和早都一样认真。

多年来，一代代航空机务人始终学习"夏北浩检查法"，传承夏北浩精神。2003 年，在夏北浩精神发源地，北部战区空军航空兵某旅机务三中队官兵在"夏北浩检查法"的基础上总结出"新夏北浩检查法"，再次在全空军推行。现在装备越来越先进，但我们仍然需要传承好夏北浩精神，当好夏北浩传人，确保装备万无一失。

航空事故与航空维修差错

【学习目标】

【知识目标】

（1）理解飞行事故、飞行事故征候的定义和等级划分。

（2）了解航空地面事故的定义、等级划分。

（3）掌握航空维修事故与航空维修差错的定义、等级划分。

【技能目标】

（1）通过学习飞行事故、飞行事故征候的定义和划分标准，能够区分飞行事故与飞行事故征候的差异；能够划分飞行事故的等级；能够根据标准判断飞行事故征候。

（2）通过学习航空地面事故、航空维修事故、航空维修差错的定义和等级划分标准，能够划分航空维修事故、航空维修差错的等级。

【素质目标】

（1）培养质量大于一切、责任大于一切、使命大于一切的航空维修理念。

（2）继承对战斗胜利负责、对战友安全负责、对国家财产负责"三负责"的航空维修职业精神。

2.1 飞行事故与飞行事故征候

2021 年 1 月 31 日，执行日航 907 航班任务的波音 747-400 型客机在飞至日本静冈县上空时，驾驶员发现本机同日航 958 航班的客机十分接近，急忙启动防撞装置，飞机突然急剧下降，避免了一场空中两机相撞的重大空难，造成 42 名乘客受伤。

2021 年 7 月 3 日，俄罗斯"符拉迪沃斯托克（海参崴）航空公司"所属的一架图 -154 客机在伊尔库茨克市附近坠毁，机上 133 名乘客和 10 名机组成员全部遇难。

2021 年 11 月 12 日，一架美洲航空公司的 A-300 客机在纽约坠毁，经调查显示，飞机失事可能与当天稍早起飞的一架日航波音 747 客机所产生的气流有关。机上 47 名乘客和机组人员全部受伤。

2021 年 11 月 28 日，哥斯达黎加一架塞斯纳 208 型小型客机在哥斯达黎加太平洋旅游城克波斯附近失事，机上人员 5 名幸存，3 名死亡。

以上列举的是 2021 年全球发生的几起事故，案例有的是飞行事故，有的是飞行事故征候，那么这些飞行事故、飞行事故征候如何区分？怎么去划分等级呢？

【知识学习】

2.1.1 飞行事故

南航桂林空难　　　　伊春空难（动画）

1. 与飞行事故相关名词的定义

（1）飞行事故。飞行事故是指自任何人登上航空器准备飞行直至这类人员下了航空器为止的时间内发生人员伤亡、航空器损坏的事件。

（2）航空器失踪。在官方搜寻工作结束时仍不能确定航空器或其残骸位置的事件。

（3）航空器损坏。航空器损坏是指对航空器的结构强度、性能或飞行特性有不利影响，并通常需要修理或更换有关部件的事件。

如航空器修复费用超过事故当时同型或同类可比新航空器价格的 60%（含），或修复费用虽未超过 60%（含），但修理后不能达到适航标准的为航空器严重损坏。

如航空器修复费用低于事故当时同型或同类可比新航空器价格的 60%（含），则为航空器一般损坏。

（4）人员死亡。自航空器发生事故之日起30日内，由本次事故导致的致命伤害而造成的人员死亡。

（5）人员重伤。人员重伤是指某一人员在航空器飞行事故中受伤，经医师鉴定符合下列情况之一者。

1）自受伤之日起7日内需要住院48小时以上；

2）造成任何骨折（手指、足趾或鼻部单纯折断除外）；

3）引起严重出血的裂口，神经、肌肉或腱的损坏；

4）涉及内脏器官受伤；

5）有二度或三度的或超过全身面积5%以上的烧伤；

6）已证实暴露于传染性物质或有伤害性辐射。

（6）机械原因飞行事故。机械原因飞行事故是指由于飞机维护、设计、制造或翻修等机械问题导致的飞行事故。

2. 飞行事故等级划分的原则

（1）飞行事故等级是根据人员伤亡情况及对航空器损坏程度确定的。但是由于各种自然原因，自己或他人造成的伤亡，或藏匿于通常供旅客和机组使用区域之外偷乘航空器而造成的伤亡除外。

（2）飞行事故的时间界限是从任何人登上航空器准备飞行直至所有这类人员下了航空器为止的时间内。

（3）在规定的时间界限内，所发生的人员伤亡或航空器损坏，必须与航空器运行有关，才能定为航空飞行事故。

3. 飞行事故等级划分的标准

（1）民用航空器飞行事故等级划分。根据人员伤亡情况及航空器损坏程度，民用航空器飞行事故可划分为如下等级。

1）特别重大飞行事故。凡属下列情况之一者为特别重大飞行事故：

①人员死亡，死亡人数在40人及其以上者；

②航空器失踪，机上人员在40人及其以上者。

2）重大飞行事故。凡属下列情况之一者为重大飞行事故：

①人员死亡，死亡人数在39人及其以下者；

②航空器严重损坏或迫降在无法运出的地方（最大起飞重量在5.7吨及其以下的航空器）；

③航空器失踪，机上人员在39人及其以下者。

3）一般飞行事故。凡属下列情况之一者为一般飞行事故：

①人员重伤，重伤人数在10人及其以上者；

②最大起飞重量在5.7吨（含）以下的航空器严重损坏，或迫降在无法运出的地方；

③最大起飞重量在5.7~50吨（含）的航空器一般损坏，其修理费用超过事故当时同

型或同类可比新航空器价格的 10%（含）者；

④最大起飞重量在 50 吨以上的航空器一般损坏，其修复费用超过事故当时同型或同类可比新航空器价格的 5%（含）者。

（2）军用航空器飞行事故等级划分。在军用航空飞行事故方面，各国、各军种军用飞机飞行事故定义略有区别，主要是人员伤亡、飞机损坏及经济损失严重程度等衡量标准有所区别，以及因飞机机种不同带来的时间段界定的差异。

1）军用飞机飞行事故定义：飞行事故是指飞机、直升机开车滑出后至飞机着陆后滑行到指定位置的整个飞行过程中发生的人员伤亡，以及飞机、直升机损毁的事件。军用飞机飞行事故中人员伤亡一般指空勤人员伤亡，飞机损毁是指飞机损伤达到一定程度的经济损失，作战飞行中的机上人员伤亡和飞机损毁称为战斗损失，不称为飞行事故。按军用飞机飞行事故严重程度，飞行事故可分为一等、二等、三等。

①一等飞行事故是指机上有 1 人以上死亡或飞行事故中受伤后在 5 天内死亡，飞机报废；飞机在飞行中失踪。

②二等飞行事故是指机上无人死亡，飞机报废或严重损坏，修复费用超过飞机价格的 60%，或者修复费用虽未超过 60%，但飞机修复后未能达到规定性能的；飞机迫降后无法运出。

③三等飞行事故是指机上无人死亡，飞机损伤，但修复费用不超过该型飞机价格的 10%。

2）美军对飞行事故划分为 A、B、C 三类。其具体评判标准如下：

① A 类飞行事故：飞机损毁或者失踪；有人员死亡或者造成永久性伤残；飞机损失超过 100 万美元。

② B 类飞行事故：有人员受伤造成部分永久性伤残，或者有 5 人以上需要住院治疗；飞机损失在 25 万 ~100 万美元。

③ C 类飞行事故：人员损失 1 个工作日以上；飞机损失 1 万 ~25 万美元。

在飞行事故等级划分过程中，需要考虑以下情况：

（1）航空器运行过程中发生相撞，无论损失架数多少，一律按一次飞行事故计算。

（2）事故等级按人员伤亡总数和航空器损坏最严重者确定。

（3）人员伤亡统计应包括该次飞行事故直接造成的地面人员伤亡。

（4）航空器修复费用包括器材费、工时费、运费。

2.1.2　飞行事故征候

在飞行事故征候（Aircraft Incident）定义上，各国民用航空和军用航空基本是一致的。

国际民航组织的定义：事故征候不是事故，而是与航空器的操作使用有关、会影响飞行安全的事件。中国民用航空行业标准《民用航空器事故征候》（MH/T 2001—2018）的定义：航空器运行阶段发生严重威胁飞行安全的情况或发生航空器损坏、人员受伤，但其程度未构成飞行事故或航空器地面事故的称为飞行事故征候。

机械原因飞行事故征候：由于飞机维护、设计、制造或翻修等机械问题导致的飞行事故征候，为机械原因飞行事故征候。

飞行事故征候的界定一般有明确的标准，如中国民用航空行业标准《民用航空器事故征候》（MH/T 2001—2018）中就明确了具体条目（见附录1），飞行实施过程中发生的事件，凡构成其中所列任何一条，即飞行事故征候。

2.2 航空地面事故

【情境导入】

2018 年 7 月 11 日，一名机务人员在将 B747-400 飞机由首都机场 361 机位拖至机库过程中意外受伤，送医院后抢救无效死亡。

2013 年 10 月 20 日，在首都国际机场，一名机务人员检查发现左主起落架倾斜，作动筒液压管漏油，更换液压管后对起落架进行两次地面上锁状态的收放测试，测试正常后机务人员取下起落架地面锁销。随后，排故工程师又发现该液压管安装存在扭曲现象，在未安装起落架地面锁销的情况下即进行了重新调整安装和起落架收放测试，测试过程中前起落架收上、飞机机头触地。事件造成机头下部及左右发动机前下部受损、机身中部蒙皮出现褶皱，由于正在上客过程中，造成机上 4 人不同程度受伤。

以上两个案例与飞行事故、飞行事故征候有什么不同？我们如何进行区分？如何去划分等级呢？

【知识学习】

航空地面事故与飞行事故的最大区别在于发生事故的时空环境不同。飞行事故发生在飞机飞行活动过程中（飞机、直升机开车滑出后至飞机着陆后滑行到指定位置），而航空地面事故主要发生在地面的飞机、直升机维修保养过程中。

民用航空地面事故是指在机场活动区内发生航空器、车辆、设备、设施损坏，造成直接损失人民币 30 万元（含）以上或导致人员重伤、死亡的事件。按照航空地面事故造成的人员伤亡和直接经济损失程度，将航空地面事故划分为三类，即一般航空地面事故、重大航空地面事故和特别重大航空地面事故。

（1）特别重大航空地面事故：死亡人数 4 人（含）以上；直接经济损失 500 万元（含）以上。

（2）重大航空地面事故：死亡人数 3 人（含）以下；直接经济损失 100 万元（含）～500 万元。

（3）一般航空地面事故：造成人员重伤；直接经济损失 30 万元（含）~100 万元。

军用航空地面事故与民用航空地面事故的概念基本相同，只是在直接经济损失数额和人员伤亡程度上有所不同。军用航空地面事故一般是指在地面发生的航空技术装备和维修设施、仪器设备、工程车辆的损坏或造成人员伤亡的事件。按照责任区分为机务责任地面事故、机械原因地面事故等。

（1）机务责任地面事故是指航空维修人员违反规定，导致航空技术装备、仪器损伤和人员伤亡的事件。

（2）机械原因地面事故是指在对航空装备实施维修过程中，因维修问题或装备设计制造、翻修等问题，导致航空装备、地面仪器和设备、地面设施的损坏或人员伤亡（达一定程度），而又不属于飞行事故范围的事件。机械原因地面事故分为严重地面事故和一般地面事故。机械原因一般包括制造质量、翻修质量、维护质量等。

维护责任是指维护人员没有做好本职工作，而应承担的过失。

从概念上看，航空装备维修事故和航空地面事故是相互交叉的：由维修责任造成的航空地面事故是维修事故，航空装备维修事故如果在飞机、直升机的地面维修保养过程中发生，也可称为航空地面事故。一般来说，机务责任地面事故大多是维修事故。

2.3　航空维修事故与航空维修差错

【情境导入】

前一章讲到的典型案例英国航空 5390 号航班挡风玻璃飞掉，机长被吸出机外，靠副机长努力操控飞机才安全降落。根据前面两小节的知识内容，我们要将这个案例归在飞行事故、飞行事故征候、航空地面事故哪个里面呢？

【知识学习】

2.3.1　航空维修事故

维修事故、维修事故征候、维修差错的定义如下。

维修事故是指在维修活动中，由于维修责任造成的具有巨大直接经济损失的航空器、航空器部件、车辆、设备、设施的损坏或人员伤亡的事件。

维修事故征候是指在维修活动中，由于维修责任造成的严重威胁飞行安全的事件或具有重大直接经济损失的航空器、航空器部件、车辆、设备、设施损坏和人员致残，但其程度未构成维修事故的事件。

维修差错是指在维修活动中，由于维修责任造成的威胁飞行安全、违反适航规章或具有一定直接经济损失的航空器、航空器部件、车辆、设备、设施损坏和人员受伤，但其程度未构成维修事故征候的事件。

在民用航空器维修事故分类中，一般可根据其危害程度分为特大维修事故、重大维修事故和一般维修事故几种。

（1）特大维修事故。由于维修造成下列情况之一者为特大维修事故：

1）航空器及部件在地面发生损坏，直接经济损失超过事故当时同型或同类可比新航空器（最大起飞质量小于或等于5.7吨的航空器除外）整机价格的3%或超过500万元（含），以低限为准；

2）在地面发生事故人员死亡超过 4 人（含）以上；

3）重大飞行事故。

（2）重大维修事故。由于维修造成下列情况之一者为重大维修事故：

1）航空器及部件在地面损坏，直接经济损失超过事故当时同型或同类可比新航空器

（最大起飞重量小于或等于 5.7 吨的航空器除外）整机价格的 1% 或直接经济损失 100 万元（含）~500 万元，以低限为准；

2）在地面发生事故人员死亡超过 3 人（含）以下；

3）地面设备、厂房设施损坏，直接经济损失 100 万元（含）~500 万元；

4）一般飞行事故。

（3）一般维修事故。由于维修造成下列情况之一者为一般维修事故：

1）航空器及部件在地面损坏，直接经济损失超过事故当时同型或同类可比新航空器（最大起飞重量小于或等于 5.7 t 的航空器除外）整机价格的 0.5% 或直接经济损失 50 万元（含）~100 万元，以低限为准；

2）地面设备、厂房设施损坏，直接经济损失 50 万元（含）~100 万元；

3）人员重伤。

2.3.2 航空维修差错

1. 等级划分

根据航空维修差错导致后果的危害程度，航空维修差错可分为以下三个等级：

（1）重大维修差错；

（2）较大维修差错；

（3）一般维修差错。

2. 范围划分

（1）重大维修差错。因航空维修差错，导致下列事件之一，属重大维修差错。

1）机械原因飞行事故。根据人员伤亡和飞机损伤的严重程度，机械原因飞行事故可分为以下三个等级：

①一等飞行事故；

②二等飞行事故；

③三等飞行事故。

2）严重地面事故。根据人员伤亡和经济损失的严重程度，严重地面事故包括下述内容：

①人员死亡或重伤致残达《革命伤残军人评定伤残等级》的条件中的三等甲级以上；

②飞机及地面维修设施、仪器设备、工程车辆等损坏或报废，直接经济损失价值超过 50 000 元；

③弹药爆炸，航炮（枪）、座椅弹射弹、弹射火箭、火箭弹等走火，造成了严重后果（指符合上述①或②条）；

④导弹走火。

3）其他。造成重大影响的其他差错。

（2）较大维修差错。因航空维修差错，导致下列事件之一，属较大维修差错。

1）机械原因飞行事故征候。机械原因飞行事故征候包括下述威胁飞行安全的现象：

①飞行过程中，发动机转速、悬挂、推力或拉力严重下降，自动停车、被迫关车、油门操纵系统失效。

②飞机起飞、着陆过程中起落架折断，轮胎爆破（多机轮起落架单个轮胎爆破除外），飞掉机轮，起落架未放好，冲出跑道（越出保险道、被拦阻网拦住）或偏出跑道。

③飞行过程中，油箱大量漏油；未按规定油量加燃油或输油不正常，造成剩余油量警告灯亮。

④飞行过程中，力臂调节装置空中停臂（自动和手动均失效）。

⑤飞行过程中，操纵机构卡滞或脱落，襟翼开度不一致，影响了飞机的平衡或操纵。

⑥飞行过程中，武器弹药走火；枪炮炸膛；飞掉炸弹、导弹、火箭弹或其他外挂物；带靶或带炸弹着陆（带航训弹或另有规定者除外）。

⑦飞行过程中，飞机起火、座舱冒烟或结冰影响了飞行员视线和操纵。

⑧飞行过程中，中断供氧（座舱高度为 4 000 m 以上）；抗荷装置失效，造成飞行员黑视。

⑨飞行过程中，飞机断电（指全部机上发电机持续地不供电，电压失调或持续地不稳定）。

⑩飞机在起飞过程中，自动放开阻力伞且自动抛伞机构失效。

⑪飞机带多余物（多余物是飞机内部，一切非本身固有的和不应在某一部位存在的物品）飞行，危及飞行安全者。

⑫飞行过程中，飞机座舱压力迅速下降；座舱玻璃爆破；座舱盖自动开锁；飞掉座舱盖或舱门。

⑬机上设备和机件（管路、线路）装错、漏装或未装好，导致设备、机件失效，造成操纵失灵、反向操纵或空中难以判明飞机飞行状态、位置、油量以及失去联络。

⑭座椅开锁器未连接好或弹射座椅救生装置地面保险销未拔出，飞机参加了飞行。

⑮超过规定寿命、翻修时限使用飞机、发动机、重要机载设备（A、B 类）和救生弹药。

⑯涉及飞行安全的技术通报未按要求落实，飞机参加了飞行。

⑰飞行过程中，发生其他危及飞行安全的危险现象。

2）一般地面事故。根据人员伤亡和经济损失的严重程度，一般地面事故包括下述内容：

①人员受伤致残符合《革命伤残军人评定伤残等级》的条件中的三等乙级条件或因伤离职治疗、休养超过 30 天·人；

②飞机及地面维修设施、仪器设备、工程车辆等损坏或报废，直接经济损失价值为 10 000~50 000 元；

③弹药爆炸，航炮（枪）、座椅弹射弹、弹射火箭、火箭弹等走火，但未造成严重后果。

3）其他。造成较大影响的其他差错。

（3）一般维修差错。因航空维修差错，导致下列丢、错、漏、损、伤等事件之一，属一般维修差错：

1）丢失工具抹布超过 24 小时没有找到；丢失飞机、发动机和机载设备的履历本、证明书；

2）技术通报未按要求落实；

3）擅自在飞机上串装机件；

4）返工、误工超过 24 个工时；

5）飞机、发动机油封超期，尚未造成返厂检修；

6）损坏装备、校验仪器、地面设备和设施，直接经济损失价值达 500 元及以上，但尚未超过 10 000 元；

7）人员受伤，离职治疗休养达 15~30 天·人；

8）尚未构成重大和较大差错的其他差错。

思考题

1. 请画出民航飞行事故等级划分的思维导图。

2. 分组收集飞行事故、飞行事故征候、航空地面事故的案例，每组派一名代表说出本小组案例的共同点，以及与其他组案例的不同点。

3. 根据航空维修差错导致后果的危害程度，航空维修差错分为哪几个等级？

4. 请说出哪些情况下是航空维修重大差错，并收集航空维修重大差错相关案例。

【延伸阅读】

精益求精——"大国工匠"孙红梅

孙红梅是中国人民解放军第五七一三工厂高级工程师，空军装备修理系统焊接专业首席专家。近 20 年来，在面对发达国家技术封锁的情况，她刻苦钻研焊修难题，克服工作的单调、枯燥，掌握了多项飞机发动机核心修理技术，为国家节约成本 1 700 万元，成长为飞机发动机焊修领域少数首席女技术专家之一（图 2-1）。

多年来，孙红梅当选空军首届"金牌蓝天工匠"，获评 2019 年"大国工匠年度人物"。2021 年 11 月 5 日，她获得第八届全国道德模范提名奖，在人民大会堂受到习近平总书记亲切会见。

工匠精神，是指工匠对自己的产品精雕细琢、精益求精，追求更完美的精神理念。

工匠们不断雕琢自己的产品，不断改善自己的工艺，享受着产品在双手中升华的过程。

2019 年 9 月，习近平总书记对我国选手在世界技能大赛取得佳绩做出重要指示，强调"劳动者素质对一个国家、一个民族发展至关重要；技术工人队伍是支撑中国制造、中国创造的重要基础，对推动经济高质量发展具有重要的作用；要在全社会弘扬精益求精的工匠精神，激励广大青年走技能成才、技能报国之路。这就要求我们倡导精益求精的工匠精神，为弘扬工匠精神营造良好社会氛围。

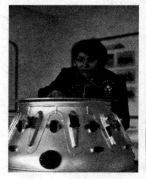

图 2-1　"大国工匠"孙红梅

精益求精是工匠精神的内涵。其本质是品质追求，是质量上的完美、技术上的极致，彰显的是一种永不满足的职业文明和创新精神。2013 年，一批某型军用飞机发动机机匣损坏，国内没有成功修复先例。眼瞅着 30 架飞机就要"趴窝"，孙红梅主动请缨。打开机匣一检查，内部构造就像俄罗斯套娃，一层又一层，故障点多发生在腔内视线盲区。如何从外部准确找到故障位置，如何精准定位"解剖"，如何焊接漏点，又如何保证焊接变形不超过技术要求？那段时间，孙红梅走路睡觉，满脑子都是机匣构造，体重不知不觉掉了 10 斤。最终，孙红梅设计出一个精巧的"手术方案"：先在机匣外壳上切割出一个小"窗口"，利用镜面反射查找故障点，用自制的焊接定位夹具定位，再采用仰焊将漏气部位修复，最后将"窗口"补片焊牢。最终的操作平面只有 180 mm^2，相当于半个手掌；整个过程中，她严格控制参数，修复后的变形量仅有 0.003 mm——一根头发丝的 1/25！这仅仅是孙红梅修理保障的 600 余台军用航空发动机之一。"她从不做 90 分，争的都是 100 分、更高分。"这是同事们对孙红梅的评价。

孙红梅说："干我们这行，容不得半点差错。航空发动机出了毛病，就可能机毁人亡。干，就干到极致！"

焊花翻飞，照亮航修路。从小小学徒工到一级技术专家，孙红梅展现的精湛的技艺、精进的精神、精忠的追求，正是"大国工匠"的最好代言。

梅花香自苦寒来，匠心唯有在基层一线中淬炼，匠心只能在矢志不渝中铸就。正如孙红梅所言，只要全身心投入，山沟里也有大世界，小岗位也有大作为。

从孙红梅身上，我们看到了可贵的工匠精神，从不满足于一点成就，在漫长的岁月里精益求精、不断加强探索。精益求精的工匠精神是深深埋藏在中华儿女心中的种子，它随着华夏的代代延续而得以传承。这种精神是早在古代就流淌在人们血液中的，更是我们这个时代所需要的。让精益求精成为一种工作境界，在精益求精、追求卓越中提升创造力，努力在高质量发展上勇立潮头、彰显担当。

航空维修差错理论及模型

【学习目标】

【知识目标】

(1) 了解"墨菲定律""海恩法则"、SHEL 模型、Reason 模型、事故链理论、圆盘理论等模型、理论的产生和发展。

(2) 理解"墨菲定律""海恩法则"、SHEL 模型、Reason 模型、事故链理论、圆盘理论等模型、理论的具体内容。

(3) 掌握"墨菲定律""海恩法则"、SHEL 模型、Reason 模型等模型、理论的启示与应用。

【技能目标】

(1) 通过学习航空维修差错的理论知识,能够认识到航空维修差错是人出现的偏差和错误。

(2) 归纳航空维修差错的理论知识,能够理解任何人都有发生维修差错的可能性。

(3) 分析总结航空维修差错的理论知识,能够认识到航空维修差错是可防可控的。

【素质目标】

(1) 增强航空维修差错的管理意识。

(2) 建立正确认识航空维修差错的科学态度。

(3) 培养认真严谨的航空维修工作作风。

墨菲定律？一谈到定律，人们就觉得是纯理论性的知识，与人们日常生活没有关系。其实在生活中，人们常常有这样的感受"你携伴出游，越不想让人看见，越会遇见熟人""东西久久都派不上用场，就把它丢掉；东西一丢掉，往往就必须要用它""纠结于两个选择时，没有被选的那个总是正确的"，这就是墨菲定律在生活中的具体体现。那么墨菲定律到底和航空维修工作有什么关系呢？

3.1.1　墨菲定律的由来

墨菲定律（Murphy's Law）是什么？最简单的表达形式是越怕出事，越会出事。（Anything that can go wrong will go wrong.）该定律的原句是这样的：If there are two or more ways to do something, and one of those ways can result in a catastrophe, then someone will do it.（如果有两种或以上选择，其中一种将导致灾难，则必定有人会做出这种选择。）

知道是谁发现了这个定律吗？你能相信它不是由哲学家、文学家或是科学家发现的，而是一名工程师的即兴发挥吗？

爱德华·墨菲（Edward A.Murphy）是美国爱德华兹空军基地的上尉工程师。他曾参加美国空军于1949年进行的MX981实验。这个实验的目的是测定人类对加速度的承受极限。其中，有一个实验项目是将16个火箭加速度计悬空装置在受试者上方，当时有两种方法可以将加速度计固定在支架上，而不可思议的是，竟然有人有条不紊地将16个加速度计全部装在错误的位置。于是墨菲对他的这位运气不太好的同事随口开了句玩笑："If there is a wrong way to do it, that is the way you'll do it."意思是"如果一件事有可能被做坏，让他去做就一定会更坏。"

这一句玩笑话，被那个运气不好的受试者在几天后的记者招待会上引用。

换种说法：假定你把一片干面包掉在地毯上，这片面包的两面均可能着地；但假定你把一片一面涂有一层果酱的面包掉在地毯上，常常是带有果酱的一面落在地毯上。在事后的一次记者招待会上，斯塔普将其称为"墨菲法则"，并以极为简洁的方式做了重新表述：凡事可能出岔子，就一定会出岔子。墨菲法则在技术界不胫而走，因为它道出了一个铁的事实：技术风险能够由可能性变为突发性的事实。

一句本无恶意的玩笑话最初并没有什么太深的含义，只是说出了坏运气带给人的无奈。或许是这世界上不走运的人太多，或许是人们总会犯这样那样的错误，这句话被迅速扩散，最后竟然演绎成：如果坏事情有可能发生，不管这种可能性有多小，它总会发生，并引起最大可能的损失。这就是墨菲定律，它与"帕金森定律""彼得原理"并称为20世纪西方文化三大发现。

3.1.2 墨菲定律的具体内容

墨菲定律（Murphy's Law）主要内容有以下四个方面：

（1）任何事情都没有表面看起来那么简单；

（2）所有的事情都会比你预计的完成时间长；

（3）会出错的事情总会出错；

（4）如果你担心某种情况发生，那么它更有可能发生。

"墨菲定律"的根本内容是"凡是可能出错的事情，有很大概率会出错"，指的是任何一个事件，只要具有大于零的概率，就不能够假设它不会发生。

墨菲定律告诉人们，容易犯错误是人类与生俱来的弱点，无论科技多发达，事故总会发生。而且人们解决问题的手段越高明，面临的麻烦就越严重。所以，在事前应该是尽可能想得周到、全面一些，如果真的发生不幸或者损失，就笑着应对吧！关键在于总结所犯的错误，而不是企图掩盖它。当你妄自尊大时，"墨菲定理"会叫你知道厉害；相反，如果你承认自己的无知，"墨菲定理"会帮助你做得更严密些。

这其实是概率在起作用，人算不如天算，如老话说的"上的山多终遇虎"，还有"祸不单行"。如彩票，连着几期没大奖，最后可能滚出一个千万大奖来。灾祸发生的概率虽然也很小，但累积到一定程度，也会从最薄弱环节爆发。所以，关键是要平时清扫死角，消除安全隐患，降低事故概率。怕什么来什么，好的状态是只想技术要领，忘掉自己。

2003年，美国"哥伦比亚"号航天飞机即将返回地面时，在美国得克萨斯州中部地区上空解体，机上6名美国宇航员及首位进入太空的以色列宇航员拉蒙全部遇难。"哥伦比亚"号航天飞机失事也印证了墨菲定律。如此复杂的系统总会出事的，不是今天，就是明天，合情合理。一次事故之后，人们总是要积极寻找事故原因，以防止下一次事故，这是人的一般理性都能够理解的，否则，或者从此放弃航天事业，或者听任下一次事故再次发生，这都不是一个国家能够接受的结果。

墨菲定律并不是一种强调人为错误的概率性定理，而是阐述了一种偶然中的必然性。我们再举个例子：你兜里装着一枚金币，生怕别人知道也生怕丢失，所以你每隔一段时间就会去用手摸兜,去查看金币是不是还在,于是你的规律性动作引起了小偷的注意,最终金币被小偷偷走了。即便没有被小偷偷走,那个总被你摸来摸去的兜最后终于被磨破了,金币掉了出去丢失了。

这就说明了越害怕发生的事情就越会发生的原因,就因为害怕发生,所以会非常在意,注意力越集中,就越容易犯错误。

"墨菲定律"提醒:人们解决问题的手段越高明,将要面临的麻烦就越严重。事故照旧还会发生,永远会发生。"墨菲定律"忠告人们:面对人类的自身缺陷,我们最好还是想得更周到、全面一些,采取多种保险措施,防止偶然发生的人为失误导致的灾难和损失。归根到底,"错误"与我们一样,都是这个世界的一部分,狂妄自大只会使我们自讨苦吃,我们必须学会如何接受错误,并不断从中学习成功的经验。

3.1.3　墨菲定律的启示

(1)墨菲定律的概率启示。墨菲定律的基本观点:假设某意外事件在一次实验(活动)中发生的概率为 P($P>0$),则在 n 次实验(活动)中至少一次发生的概率为

$$P_n=1-(1-P)^n$$

由此可见,如果事情有变坏的可能,无论这种可能性有多么小,它迟早会发生。这符合辩证法和客观规律,一方面承认极限,承认没有绝对的安全;另一方面又认为,承认极限与强调人的主观能动性和进取精神并不矛盾。只要增强忧患意识,重视事前预防,勇于开拓创新,不断从系统上改进安全管理工作,改善安全保障条件,显性和隐性的安全风险就会得以消除和控制。如果除去不可控因素,发生安全事故的概率(P)必将持续降低,发生安全事故的周期(N)间隔一定会越来越长,安全水平一定会逐步提高,社会公众的生命财产安全也就能持续得到保障,如图 3-1 所示。

墨菲定律的启示
(动画)

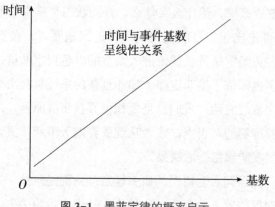

图 3-1　墨菲定律的概率启示

（2）墨菲定律在航空维修中的启示。在航空装备维修领域，各型号装备设计、装备定型制造、装备飞行或训练使用、装备日常保养维护、各级别装备维修等诸多全寿命管理环节中，长期存在大量的重复性固定工作样式，墨菲定律启示我们：容易犯错误是人类与生俱来的弱点，不论科技多发达，事故都会发生。如果飞机的部件有可能以错误的方式安装，那么一定会有人以错误的方式安装。面对人类的自身缺陷，我们最好还是想得更周到、全面一些，采取多种保险措施，防止发生人为失误导致的灾难和损失。

1）面对人类的自身缺陷，对待事物应当精通理论，掌握技能，团结合作，取长补短，防止偶然发生的人为失误导致灾难和重大损失。

2）人为差错是客观事物的一部分，但也不是客观世界的全部，人为差错是可控可防的。

3）如果事情有可能发生，不管这种可能性多小，它总会发生，并可能在最不恰当的时机造成最大的破坏。

4）为了防止出错，工作之前应该尽可能考虑周全，必要时要制定周密的预案，采取多种保险措施，防止偶然发生的人为失误导致灾难和损失。

5）墨菲定律有助于人类更好地理解人为差错，把握事物的本质。

墨菲定律将概率论引入差错分析，揭示的是差错发生的客观性。它从客观认识上告诉我们必须强化差错管理意识，摒弃侥幸心理。

3.2 海恩法则

【情境导入】

海恩法则又称"海因里希安全法则"或"海因法则",是美国著名安全工程师海恩提出的 300∶29∶1 法则。这个法则意思是每起重大事故背后,必然有 29 次轻微事故和 300 起事故征候,以及 1 000 起事故隐患(或者又称为不安全事件)。

【知识学习】

3.2.1 海恩法则的由来

海恩法则是 1941 年美国的海恩为保险公司的经营提出的法则,海恩统计了 55 万件机械事故,其中死亡、重伤事故 1 666 件,轻伤事故 48 334 件,其余则为无伤害事故。海恩法则可以形象绘制成冰山形成的过程,因此又被称为"差错冰山理论模型",如图 3-2 所示。

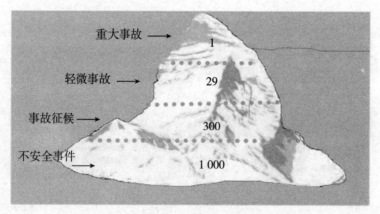

图 3-2 海恩法则(差错冰山理论模型)

海恩法则(动画)

海恩法则用于航空维修管理上,则可描述为在一件重大的航空维修事故背后必有 29 件"轻度"的维修事故,还有 300 件潜在的维修隐患。

3.2.2　海恩法则的具体内容

了解海恩法则的目的是通过对事故成因的分析，让人们少走弯路，把事故消灭在萌芽状态。

许多航空维修单位在对安全事故的认识和态度上普遍存在一个"误区"：只重视对事故本身进行总结，甚至会按照总结得出的结论"有针对性"地开展安全大检查，却往往忽视了对事故征兆和事故苗头进行排查；而那些未被发现的征兆与苗头，就成为下一次事故的隐患，长此以往，安全事故的发生就呈现出"连锁反应"。

海恩首先提出了事故因果连锁论，用以阐明导致伤亡事故的各种原因及与事故间的关系。该理论认为，伤亡事故的发生不是一个孤立的事件，尽管伤害可能在某瞬间突然发生，却是一系列事件相继发生的结果。海恩提出的事故因果连锁过程包括以下五个因素：

（1）遗传及社会环境。遗传及社会环境因素是造成人的性格上缺点的原因，遗传因素可能造成鲁莽、固执等不良性格；社会环境可能妨碍教育，助长性格上的缺点发展。

（2）人的缺点。人的缺点是使人产生不安全行为或造成机械、物质不安全状态的原因，它包括鲁莽、固执、过激、神经质、轻率等性格上的先天缺点，以及缺乏安全生产知识和技能等后天缺点。

（3）人的不安全行为或物的不安全状态。所谓人的不安全行为或物的不安全状态是指那些曾经引起过事故，或可能引起事故的人的行为，或机械、物质的状态，它们是造成事故的直接原因。例如，在行车吊钩下停留、不发信号就启动设备、工作时间打闹或拆除安全防护装置等都属于人的不安全行为；没有防护的传动齿轮、裸露的带电体或照明不良等属于物的不安全状态。

（4）事故。事故是由于物体、物质、人或放射线的作用或反作用，使人员受到伤害或可能受到伤害的、出乎意料的、失去控制的事件。坠落、物体打击等使人员受到伤害的事件是典型的事故。

（5）伤害。直接由于事故而产生的人身伤害。在多米诺骨牌系列中，一块骨牌被碰倒了，则将发生连锁反应，其余的几块骨牌相继被碰倒。如果移去连锁中的一块骨牌，则连锁被破坏，事故过程被中止。

海恩认为，单位安全工作的中心就是防止人的不安全行为，消除机械或物质的不安全状态，中断事故连锁的进程而避免事故的发生。

海恩把工业伤害事故的发生、发展过程描述为具有一定因果关系的事件的连锁发生过程，即

（1）人员伤亡的发生是事故的结果。

（2）事故的发生是由于人的不安全行为和物的不安全状态。

（3）人的不安全行为或物的不安全状态是由于人的缺点造成的。

（4）人的缺点是由于不良环境诱发的，或者是由先天的遗传因素造成的。

一些单位发生安全事故，甚至重特大安全事故接连发生，问题就出在对事故征兆和事故苗头的忽视上。

海恩法则多被用于航空的生产管理，特别是安全管理中。海恩法则对航空来说是一种警示，它说明任何一起事故都是有原因的，并且是有征兆的；它同时说明安全生产是可以控制的，安全事故是可以避免的；它也给了航空管理者一种生产安全管理的方法，即发现并控制征兆。

具体来说，利用海恩法则进行航空维修的安全管理主要步骤如下：

（1）任何航空维修过程都要进行程序化，这样对整个维修过程都可以进行考量，这是发现事故征兆的前提。

（2）对每个程序都要划分相应的责任，可以找到相应的负责人，要让他们认识到安全维修的重要性，以及安全事故带来的巨大危害性。

（3）根据航空维修程序的可能性，列出每个程序可能发生的事故，以及发生事故的征兆，培养航空维修人员对事故征兆的敏感性。

（4）在每个程序上都要制定定期的检查制度，及早发现事故的征兆。

（5）在任何程序上一旦发现航空维修安全事故的隐患，要及时地报告及排除。

（6）在航空维修过程中，即使有一些小事故发生，可能是避免不了或者经常发生，也应引起足够的重视，要及时排除。当事人即使不能排除，也应该向安全负责人报告，以便找出这些小事故的隐患，及时排除，避免安全事故的发生。

3.2.3 海恩法则的启示

从海恩法则中我们得到这样的启示：要减少事故的发生，不但要减少冰山露出水面的部分，更需要花大力气去缩小水面以下冰山的体积，即减少各类事故的征候和不安全事件的发生。抓住不安全的事，堵住不安全的人，做好数据分析和信息共享，在组织层和个体层吸取经验教训，是预防事故的有效手段。

假如人们在安全事故发生之前，预先防范事故征兆、事故苗头，预先采取积极有效的防范措施，那么，事故苗头、事故征兆、事故本身就会被减少到最低限度，安全工作水平也就提高了。由此推断，要制服事故，重在防范；要保证安全，必须以预防为主。

那么，怎样在航空维修安全工作中做到以预防为主呢？必须坚持"六要六不要"：

（1）要充分准备，不要仓促上阵。充分准备就是不仅需要熟知工作内容，而且需要熟悉工作过程的每个细节，特别是对工作中可能发生的异常情况，所有这些都必须在事前搞得清清楚楚。

（2）要有应变措施，不要进退失据。应变措施就是针对事故苗头、事故征兆甚至安全事故可能发生所预定的对策与办法。

（3）要见微知著，不要掉以轻心。有些微小异常现象是事故苗头、事故征兆的反映，必须及时抓住它，正确加以判断和处理，千万不能视若无睹，置之不理，留下隐患。

（4）要鉴以前车，不要孤行己见。要吸取别人、别的单位安全问题上的经验教训，作为本单位本人安全工作的借鉴。传达安全事故通报及进行安全整顿时，要把重点放在查找事故苗头、事故征兆及其原因上，并提出切实可行的防范措施。

（5）要举一反三，不要固步自封。对于本人、本单位安全生产上的事例，不论是正面的还是反面的事例，只要具有典型性，就可以举一反三，推此及彼，进行深刻分析和生动教育，以求安全工作的提高和进步。绝不可以安于现状，不求上进。

（6）要亡羊补牢，不要一错再错。发生了安全事故，正确的态度和做法是吸取教训，以免重蹈覆辙。绝不能对存在的安全隐患听之任之，以免错上加错。

海恩法则的精髓强调两点：一是事故的发生是量的积累的结果；二是再好的技术，再完美的规章，在实际操作层面，也无法取代人自身的素质和责任心。

海恩法则对于认识和预防维修差错具有重要的指导意义。墨菲定律说明的是差错问题发生的必然性。海恩法则也同样从问题苗头的积累必将导致严重事故的发生角度揭示了"维修差错看似偶然，其实是各种因素积累到一定程度的必然结果，如果每个隐患和苗头都能得到重视与纠治，维修差错就是可以控制的"。

3.3 SHEL 模型

【情境导入】

2014 年 11 月，国内某航空公司在机场实施 B-5086 飞机除冰作业时，发生了一起除冰车与飞机碰擦的人为原因地面不安全事件。

经调查，除冰车与 B-5086 飞机碰擦事件是由驾驶员误操作导致的。在需要倒车撤离飞机时，驾驶员误将倒车挡位挂在了前进挡位，在采取刹车措施时又忙中出错踩到了油门，最终导致除冰车与 B-5086 飞机碰擦。对于这起人为差错，事后该如何进行调查分析？如何吸取经验教训呢？

【知识学习】

3.3.1 SHEL 模型的由来

1972 年，E.Edwards 教授提出了 SHEL 模式，后由 F.Hawkins 于 1975 年完善发展。SHEL 模式认为，差错容易发生在以人（L）为中心的与硬件（H）、软件（S）、环境（E）、人（L）及其交互作用的界面上。以 L 为中心，每个 L 与 H、L 与 E、L 与 L、L 与 S 相互之间的关系与作用，综合起来就会形成某些结果而表现出来。

3.3.2 SHEL 模型的具体内容

根据 SHEL 模型中，航空维修差错最容易发生在以人为中心的与硬件、软件、环境及其他人之间的接点上。其中，人处于系统的核心。航空维修机务系统是航空系统的子系统，人为差错源于处于中心地位的维修人员与其他四个界面不匹配或匹配程度不够，因而减少维修中的人为差错要从增加四个界面的匹配入手。根据 SHEL 模型理论，我们特别要注意人—硬件、人—软件、人—环境及人—人的匹配问题。如人与硬件，维修时维修人员有良好的工作姿势，维修部件看得见、够得着，维修工具合适，设备拆装简便，就不易发生维修差错，维修工作质量和维修工作效率就高；如人与软件，软件的使用指南错误、维修程序不清楚或混乱，往往会引起维修差错；又如人与环境，维修场所的照明、温度、噪声、空间等对维修差错的发生都有很大的影响；再如，在人—人这个界面上人员之间的搭配、班组之间的合作，员工与管理层之间关系等都十分重要。SHEL 模型如图 3-3 所示。

S—软件；
H—硬件；
E—环境；
L—生命件（人）

图 3-3　SHEL 模型

（1）软件（Software）：如维修程序、维修手册、检查单的设计。它包括诸如现行性、准确性、格式和表达、词汇、清晰度和符号表示法等"方便用户"问题。

（2）硬件（Hardware）：如维修工具、测试设备、飞机的物理结构、座舱设计、控制器与仪表的位置与操作感。它们决定着人如何与它们相互作用，例如适用于感官和信息处理特点的显示器、可移动性、编码和位置适合用户的遥控装置。

（3）环境（Environment）：物理环境，如机库与外场的温度、周围光线、噪声、振动和空气质量等；工作环境，如工作模式、管理结构，公众对行业的看法，以及实际设施和辅助性基础设施的充足性，地方财政状况和管理的有效性等因素。

（4）人（Liveware）：即模型中心的人，包括维修、放行、管理与支援人员以及飞行员等。

尽管现在航空器已包括最新的自检和例行的诊断程序，但是航空维修的一个方面没有改变：维修任务仍由人来进行，但是人有局限性。由于人（机务维修人员）处于模型的中心，软件、硬件和环境的设计必须能够支持其作业表现，必须顺应人的局限。如果这两方面被忽视，就可能出现差错而危及安全。

1975 年，SHEL 模型经霍金斯修改发展为一种带齿边的方块模型。我们理解改进 SHEL 模型中人是模型的主动体，软件、硬件、环境是模型的被动体，可以看作一个组合传动轮，主动轮是人或是人与人之间的联系，从动轮是软件、硬件、环境等因素，也可以比较形象地理解为人与其他机理之间的界面模型，或者简称"人机界面模型"，如图 3-4 所示。

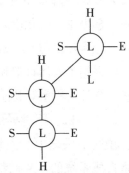

图 3-4　霍金斯改进 SHEL 模型

3.3.3　SHEL 模型的分析

1. 人—机—环境系统分析的内容与方法

对人—机系统而言，在研究中应把人作为系统的主体，发挥人的主导作用，人的因素方面主要包括人体生理、心理、人体测量及生物力学、人的可靠性。在充分考虑人—机功能匹配、可靠性、维修性外，还要重视环境因素对人—机系统的影响。环境因素不仅对航空装备的设计、制造十分重要，而且对航空装备的使用和维修保障尤其具有实际意义。在维修过程中，维修人员的情绪、能动作用等受到客观环境的影响，在不同的客观环境中产生的波动和差异不同，而这种波动和差异又将直接关系到维修工作效率的高低与维修效果的好坏。因此，在航空维修过程中，不仅要研究如何运用客观事物取得满意的维修效果，还要研究环境因素对维修效果的影响。从环境因素来说，可以通过研究维修工作场所的气候、照明、灰尘、有害气体等对维修效果的影响，从而创造一种适宜的工作环境，以缓解疲劳、保证健康、提高效率。人—机—环研究内容如图 3-5 所示。

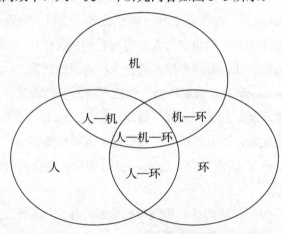

图 3-5　人—机—环研究内容示意

人—机—环境系统工程的研究方法可以概括为 4 句话，24 个字：基于三个理论（控制论、模型论、优化论），分析三个要素（人、机、环），历经三个步骤（方案决策、研制生产、实际使用），实现三个目标（安全、高效、经济）。除本学科建立的独特方法外，还广泛采用了人体科学和生物科学等相关学科的研究方法和手段，也运用了系统、控制、信息、统计与概率等其他学科的一些研究方法。

2. 人—机—环境界面的分析模型

在这个系统中，人是核心，人、机、环境子系统并重。系统中的人、机、环境又都是自成系统的，它们都包含着这样或那样的子系统。人是一个高度复杂的系统，它由许多子系统组成。机器也是由不同部分组成的，复杂的机器也包括许多子系统。在人—机—环境系统中，人、机、环境之间往往只是其中的某种子系统或子系统中的某些组成部件之间直接发生相互作用，这种直接发生相互作用的部分称为界面，或者叫作接口，人—机—环境系统中有各种不同的界面，这里重点研究直接同人发生相互作用的界面，如图 3-6 所示。

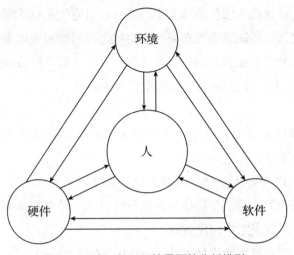

图 3-6　人—机—环境界面的分析模型

　　从系统的观点来看，航空维修差错的产生是由人、机、环境及管理 4 个方面的因素相互作用的结果。其中，人—机是最基本的关系，人是最基本的因素。维修差错很少是由单一的因素形成的，其产生的机理是多层次的、错综复杂的。在实际的维修工作中，正确认识和有效管理人、机、环境和管理这 4 种因素，可达到减少维修差错、减轻维修差错后果的目的。

　　3. 情境案例分析

　　在此案例中，除冰车驾驶员处于 SHEL 模型的中心位置，4 个界面分别为"与软件有关""与硬件有关""与环境有关"和"与人自身有关"。"与软件有关"界面，除冰车驾驶员 9 月 26 日完成了除冰培训，考核合格，10 月 8 日完成了除冰车的实际操作培训，具有特种车辆操作、保养及维护工作授权，故此界面匹配；"与硬件有关"界面，事件中除冰车经交管部门审验合格，按计划完成了维修保养，无不正常现象，并且经行驶检查也未发现异常现象，故此界面匹配；"与环境有关"界面，当日除冰工作环境正常，并未出现光线不足、有障碍物等影响除冰车操作的因素，故此界面仍匹配；"与人自身有关"界面，此界面不仅与驾驶员自身的生理状况有关，还与其心理思想状况相关。经检查，驾驶员当日 5：00 上班，身体无不适反应，事件发生后对其进行酒精测试正常，无影响其驾驶车辆的个人生理原因。而在心理思想状况上，驾驶员存在两个重要问题，一是"粗心大意"，将倒车挡位挂在了前进挡位；二是面对突发状况"不够冷静"，处置失当，在采取刹车措施时忙中出错踩到了油门，最终导致了此次碰撞事件。由此可见，SHEL 模型 4 个界面当中，即便只有一个界面出现不匹配，也会导致最终差错的出现，而不匹配也就是人为差错的根源所在。

4.SHEL 模型典型案例分析

（1）人与硬件。

1）案例 1。1993 年 4 月 6 日，一架 MD-11 飞机执行北京至洛杉矶航班，由于襟翼／缝翼手柄设计不当，使该机在阿拉斯加上空巡航飞行时发生手柄无意移出（收上）位置，前缘缝翼放出，加之飞行员缺乏飞机在高空失稳状态改出和对失速警告反应训练，操作修正过急，导致飞机猛烈俯仰振荡，高度下跌 5 000 英尺，后飞机备降谢米亚空军基地。旅客死亡 2 人，重伤 53 人，轻伤 96 人，机组重伤 7 人。

2）案例 2。

①事件描述：2013 年 5 月，某型飞机因空中停车故障迫降成功后，因人机弹射分离失效引起了新的次生事故。

②原因分析：经调查分析发现，原因是弹射座椅分离而剪切片未剪切断开。直接原因：一是技术标准未理解吃透；二是使用替代原材料加工尺寸超标准；三是加工后的产品未进行相关试验验证，造成空中使用失效。

③造成的后果：产品批量性质量返工，经济损失较大。

（2）人与软件。

1）案例 1。米制和英尺的困惑。1999 年，大韩航空公司一架麦道 MD-11 货机从上海虹桥机场起飞，升空后仅 3 分钟就坠落，飞机上两名驾驶员和一名机械师遇难，另外还造成地面 5 人死亡，4 人重伤，36 人轻伤。该航班飞行员混淆了上海虹桥机场的离港高度单位，把米误认为英尺，在离港过程中，机长根据副驾驶错误的高度指令而采取错误的飞行操纵，是导致本次事故的最大可能的直接原因。

2）案例 2。

①事件描述：2015 年 6 月 3 日，某部队大修的某型引进发动机使用故障，造成一起空中飞行事故。

②问题原因：经调查分析发现，一是最新的引进技术资料标准没有得到有效贯彻落实，未及时编入修理技术条件、修理工艺规程、维修工作卡等工艺文件；二是经修理检查叶片零件尺寸、重量数据合格后，应按照重量相同配对管理并两两对称安装的原则，未在执行工艺文件中体现；三是对修理装配人员也未进行相关技术知识、技能培训。

③造成的后果：该型产品停产，所修的发动机批量返工，经济损失较大。

（3）人与环境。

1）案例 1。在黑暗的海上向光亮的区域进近会使人产生错觉。1983 年 12 月，一架螺旋桨飞机开始下降，准备在英国的斯托诺韦机场进行夜间目视着陆。从雷达显示观察到飞机是稳定下降到海平面，距离机场 10 英里 ① 处，雷达跟踪失去目标。当时天特别黑，在 1 000~3 000 英尺分布云层。雷达记录显示，大约在 3 000 英尺时，飞行员减小进近速度，

---

① 1 英里≈1.609 km。

放下襟翼和起落架，快速下降。所有机上人员都是溺水而亡，这表明飞机没有与海面发生强烈冲击。从飞机残骸中也未发现机身和发动机故障的证据。

2）案例2。

①故障描述：2018年5月16日，某型飞机试飞时发现，右三组"剩油警告"灯亮，右三组燃油已经消耗到警告值。

②原因分析：根据以上现象初步分析导致故障发生可能的部位包括测量表传感器、输油浮子开关、1组油箱输油喷射泵、1组输油阀、燃油控制组件。经过排除故障发现，1组油箱输油喷射泵内有一块1.5 cm×0.5 cm的长方形橡胶外来物，将输油喷射泵进口处堵塞，造成了右1组燃油不能正常供油，右三组油液即将耗尽，右三组"剩油警告"灯亮。

③排除方法：经过对输油喷射泵内部进行全面清洗，重新装机后对飞机进行耗油和试车检查，耗油程序正常。

④纠正措施：加强对油箱修理、管路连接、油泵安装、油量测量机件安装、加油车辆各个环节的多余物检查、清洁、检验工作。

（4）人与人。

1）案例1。某通用航空公司一机长教员执行航班任务，在基地机场降落时由于使用反桨减速，导致飞机大火后爆炸。事后调查发现，公司手册和局方明令不许使用反桨着陆，但是该教员在平时授课时就经常使用反桨着陆，并且每次降落的效果都非常好，得到学员的一致好评，认为该教员操作水平高。公司管理层也知道该教员经常反桨着陆，但是没有一人去跟他提出异议。

2）案例2。

①事件描述：2018年3月17日，某型飞机大修后，按照《试飞大纲》要求，第一个科目即进行试飞的地面高速滑行检查，在高速滑行检查过程中，飞机冲出跑道140余米。

②原因分析：一是《试飞大纲》设计不合理，未设计先从低速滑行试验开始，第一个科目就上高速滑行试验，不符合试验从容易到复杂，从简单到烦琐，循序渐进的原则；二是飞机试飞高速滑行到起飞速度时，飞行员应该立即将油门收到0度，查此次飞行参数记录，试飞员当时在飞机达到起飞速度后，延迟了3秒才将油门收到0度，是飞机滑行距离增加的主要原因；三是试飞指挥员与试飞员协调不利，飞机高速滑行实验时，指挥员未做出及时提示警示。

3）案例3。1996年6月21日，一架国产运12IV轻型通用运输机，机龄一年半，于当日16：40从大连起飞，正常执行大连－长海的客运航班，机组3人，乘客9人，飞行预计17：07到达长海机场。

当时长海机场气象为能见度4 km、云高100 m，轻雾。长海飞行调度室同意该机组按计划飞行，到达长海机场空域时，按照仪表程序飞行，如果在进近时高度下降到210 m时仍然没有看到跑道，飞机必须立即复飞并返航大连机场。

机组驾机16：40起飞，正常飞行19分钟后，机组驾机下降到600 m的高度，地面和海平面目视可见。机组请示加入起落航线，长海塔台指示保持 600 m 高度加入右起落航线四边。此时，人与人的问题开始呈现。一是机长嫌高度高了麻烦，认为地面和海面均可见，要求飞机继续下降高度到 300 m，加入右起落航线四边，此时塔台指挥也就同意了机长请求；二是机长于 17：02：29 报告飞机飞到右起落航线四边，高度到 300 m 时，塔台指示飞机继续下降高度到 210 m，机长于 18 秒后报告飞机已经下降高度到 200 m，此刻塔台没有对高度低于 210 m 引起警觉，仅仅询问了"看到机场后报"，机长的回复也是一句"看到机场后报"，机长并没有回答是否看到了机场。因为当时飞行限制条件：飞机到达长海机场空域，按照仪表程序飞行，如果在进近时高度下降到 210 m，机组仍然没有看到跑道，飞机必须立即复飞并返航大连机场。三是塔台指挥不当，机组盲目飞行。17：04：12 塔台开始询问机组是否看到机场？机组回答没有。塔台提示"五边不要太短了"，机组回答"明白"。此时，双方都没有意识到危险已经来临。40 秒后，飞机在距离机场3 050 m 处，飞入一片云雾后不久一头撞上大长山岛海拔 1 004 m 山坡，正副驾驶员当场遇难，其余人员中 2 人重伤，8 人轻伤。飞机报废，造成一等飞行事故。

4）案例 4。

①事件描述：1990 年 7 月 31 日，恶劣天气下强行飞行，造成机毁人亡一等飞行事故。

某农场的临时机场，一架运五型飞机结束航空作业任务，准备当日 07：30 执行一次调机转场飞行。航线是某农场临时机场－密山－依兰－哈尔滨－长春。机组 3 人，乘客 5 人。由于航线较长而且经过航路点较多，飞行前机组收到一份航路天气预报，显示当天途经的航路点的天气情况复杂，初始段航线天气尚可，但是过密山后趋势变差，有阵雨，能见度为 400~500 m；经过依兰时会遇到大风、雷暴、阵雨。所以，机组商定，起飞后到密山之前保持云下飞行，过密山根据天气情况决定是否云上飞行。

②第一次人为失误。由于农场临时机场本场天气不好，飞行任务推迟到 13：30 才获准起飞。但是，11：20 哈尔滨机场气象台通报，"本机场因天气变差预报延迟 6 小时。"即延长到 17：20 以后。但是，这份预报并未发送到农场临时机场，换句话说，如果这份预报发到农场，当天的飞行任务会被取消。

③第二次人为失误。佳木斯调度室于当日的 13：20 和 13：25 两次用电台呼叫农场临时机场电台，通知"机场关闭，首长指示飞机不能起飞"。由于联络不畅直到 13：37 农场电台才收到消息，而且只收到"机场关闭，首长指示——"这部分信息，至关重要信息"飞机不能起飞"则没有接收到。

④第三次人为失误。此时飞机刚刚起飞不到 10 分钟，农场临时机场航调人员动动脑子，再追问一下首长什么指示，完全可以呼叫飞机返航，但是他们没有这样去想。

⑤第四次人为失误。13：58 飞机飞过密山，天气变差遇到大雨和强对流天气，飞机一直在强烈颠簸，机组奋力控制着飞行姿态，14：45 飞机飞过倭肯镇。15：05 后由于能见度越来越差，机组一直被迫不断下降高度，最低下降到 200 m 以下，外面仍然白茫茫一片，继续飞行 10 分钟后飞机上升进入云层，一头撞上依兰县道台桥镇海拔 320 m 的山坡。

飞机严重损毁，右座和中座驾驶员遇难，其余 6 人全部重伤。

⑥吸取的教训：首先，机组起飞前没有收全有效的气象资料，在知道佳木斯备降场天气不好的情况下，执意起飞，违反了民航局的飞行相关规定。过密山后天气变差，又未及时返航失去了安全把关的机会。其次，航路天气不好，机组试图保持云下能见飞行，高度一再下降到"地狱航线高度"，盲目飞行以至于完全失去处置余地。最后，保障工作不到位，工作不严密，程序不清，直接危及飞行安全。哈尔滨站调、佳木斯站调在天气变化范围大，时间影响长时，未能及时有效地根据天气变化正确管控飞行活动。

3.4　Reason 模型

【情境导入】

2013 年 5 月 24 日，英航一架空客 A319 客机遭遇了有史以来离空难最近的事故，双发动机风扇整流罩脱落，其中之一还漏油起火，幸好飞机最后安全降落。事情经过如下：两位机务打开了飞机全部两台 V2500 发动机的风扇整流罩，例行维护发动机，中途俩人有事需要离开；他们离开前风扇整流罩并没有锁住，而俩人也没有按规定在离开时锁好风扇整流罩，或者完全打开风扇整流罩（让人一看就知道工作没做完），或者给飞行员留下明确告示，这三项只要落实一项，就可以避免事故；俩人返回时，竟然错走到另一架 A321 客机旁"继续"工作。此后直到事故发生，都没人发现错误。

【知识学习】

3.4.1　Reason 模型的由来

1991 年，英国的曼彻斯特大学的 James Reason 博士通过对世界上发生的重大事故调查分析后，提出了航空事故理论模型——Reason 模型（里森模型）。航空生产是有组织的系统活动，这些组织活动可以被划分为不同的层面，如图 3-7 所示。从系统的角度分析，各个层面的组织活动与事故的最终发生都有关系，在每个层面上都存在漏洞，不安全因素就像一个不间断的光源，刚好能透过所有这些漏洞时，事故就会发生。这些层面叠加在一起，如同有孔的奶酪叠放在一起，因此，Reason 模型也被称为瑞士奶酪模型。

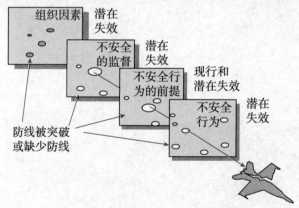

图 3-7　Reason 模型（瑞士奶酪模型）

3.4.2　Reason 模型的具体内容

Reason 模型揭示了导致航空维修差错的直接原因、隐性原因和组织因素，分别是不安全行为的先兆、不安全的管理和组织因素。维修差错是这种直接原因和隐性原因相互作用的结果。这个理论直观地显示了差错的形成，也揭示了维修差错的可控性。预防维修差错要从整个维修保障体系入手，如果能够堵住某一个圆盘上的漏洞就可能斩断差错链，防止严重后果的发生。

不同层面的活动在时间、空间或逻辑上与事故的间隔有近有远。与事故在时间、空间或逻辑间隔上较近的活动对事故发生的影响是直接的、显性的，这些层面上的漏洞被称为现行失效。现行失效通常由一线工作者所为，如飞行员或维修人员无意识的疏忽大意、不恰当的处置或故意的违规等。现行失效在事故发生后很容易被确定，并可以马上采取有针对性的补救措施或给予惩罚警告。

3.4.3　Reason 模型的启示

Reason 模型的重要价值在于它揭示了事故的发生不仅与事故直接相关的生产活动（现行失效）有关，还与离事故较远的其他层面的活动和人员有关，这些其他层面的缺陷和漏洞被称为潜在失效。潜在失效多为管理决策缺陷，这些缺陷或漏洞在过去已经存在，一直处于潜伏状态。

系统中各个层面上不可避免地都会存在漏洞。从统计的角度来讲，各个层面上的漏洞越多，不安全因素光线穿透整个系统各个层面而发生事故的概率就越高。显然，由 Reason 模型得到启示，要最大限度地降低事故发生的概率，主要的途径有以下两种：

（1）减少每个层面上的缺陷或漏洞；

（2）增加防御层面。

在航空发展的历史上，我们曾只片面地认识到一线人员的差错（现行失效）对事故的影响，基于这种认识而采取的措施主要是惩罚直接当事人。例如，维修人员因疏忽大意而将工具遗忘在发动机内，通过惩罚粗心的维修人员，给其他员工更大压力使其更加警觉，确实具有一定的警戒作用，在一定程度上减少了维修人员的差错，降低了事故率，保证了航空安全；但这种措施只是减少了现行失效层面的漏洞。随着航空业的发展，我们发现，即使实行严格惩罚制度，仍然有类似的疏忽、遗忘等差错不断发生，这促使航空界进行更深入的研究。人的疏忽、遗忘除与人自身的生理、心理状况有关外，组织管理还对其有着潜在的影响。若维修人员的疏忽大意主要是由不合理的休息制度引起的疲劳造成的，不合理的休息制度不改变，维修人员类似的疏忽大意导致的事故就会多次重复发生。通过对问题深入研究，我们认识到不合理的休息制度对事故的影响是深层次的，属于潜在失效。

进一步的研究还发现：不合理的维修人员休息制度是由于维修人员短缺造成的，维修人员短缺是因为维修人员的薪酬水平不具有同行业竞争力，使大量维修人员流失。此时，战略决策对事故的影响是更深层次的，也属于潜在失效。显而易见，仅仅认识到现行失效，惩罚差错的当事人，只能在一定程度上降低事故率，若要最大限度地降低事故率，必须挖掘在时间、空间和逻辑上远离事故现场的深层次各个层面上的漏洞，并修复它们，这样才能更彻底地完善系统，降低事故率。

Reason 模型还强调了在系统内增加或强化人为差错防御屏障的概念，尤其是深层的防御屏障（如重复检查、起飞前的功能测试等）。这些防御屏障的增加将进一步降低不安全光线穿过系统的概率，进一步避免人为差错产生的不良后果，减少事故的发生。但防御屏障并不表示可以完全杜绝事故，当这些防御屏障被削弱（漏洞增多）或被突破时，人为差错将造成事故。在事故调查时通常会发现经常是不止一个人犯下了不止一个错误。而这些差错恰巧结合在一起，差错"防御屏障"又被突破了，才会危及安全。

3.5 HFACS 模型

【情境导入】

2009 年 9 月 4 日晚，一架空客 A320 飞机在完成 1C（检查等级）检查后进行试车，地面观察员听到左发（发动机）在启动过程中有异常响声，同时排气温度上升到 610 ℃（启动时排气温度的极限为 630 ℃），发动机自动停车。

事后，试车人员向值班工程师报告试车启动失败，但未提及发动机内有异常响声。值班工程师按照空客故障分析手册进行检查，更换了高压 10 级放气活门。5 日上午再次进行试车，启动后发动机加速缓慢，排气温度上升至 619 ℃并伴有两声放炮声，试车人员人工关车。随后进行孔探检查，发现左发高压压气机的 3~12 级转子叶片严重损伤，送厂分解检查证实是被 1/4 英寸偏心十字螺钉旋具头打坏。直接经济损失约 1 000 万美元，构成特别重大航空地面事故。

【知识学习】

3.5.1 HFACS 模型的由来

1997 年，美国学者道格拉斯·A.维格曼（Douglas A.Wiegmann）博士和斯科特·A.夏佩尔（Scott A.Shappell）博士基于 Reason 模型开始构建 HFACS 模型，提出人为因素研究成果即人为因素分析与分类系统（Human Factors Analysis and Classification System，HFACS），维格曼博士是伊利诺伊大学航空安全研究领域的专家，夏佩尔博士是美国民用航空医学研究所的资深研究员，两人长期从事美国海军飞行事故人为因素调查和研究工作，是国际知名的人为因素研究专家。

Reason 模型最初是针对学者描述的，并不是实践人员，Reason 模型描述的不安全行为过于抽象，使得分析人员、调查人员和其他安全专家在航空领域应用 Reason 模型遇到麻烦。国际民航组织的"事故人为因素调查指南"说明了该困境的存在。该指南阐述了 Reason 模型，认为它是人们在理解由人导致的飞行事故方面取得的巨大进步。然而，该指南在寻找事故调查框架时使用了 SHEL 模型。这是因为 Reason 模型是初步描述，并不是分析。如果将该模型当作系统高效的分析工具使用，就需要明确地定义"奶酪中的洞"。人们需要知道系统失效的原因或者说"洞"是什么，这样才能在事故调查时把它们鉴定出来，甚至做得更好，在事故发生之前就探测到它们并加以纠正。这就进一步催生了人为因素分析及分类系统（HFACS 模型）的产生。

HFACS 模型将 Reason 模型细化和具体化，提高了模型的应用能力。HFACS 模型可以将 Reason 模型对事故致因的分析进行量化，尤其是针对一个组织的大量事故征候数据库或一个国家的事故数据库，可以进行针对性的分析。HFACS 模型仍然是针对事故和事故征候的分析统计工具，关注航空维修差错"是什么"及"为什么"的问题。

HFACS 模型总结了当前被普遍接受的 6 种导致人工作失误的观点（认知的观点、工效的观点、行为的观点、航空医学的观点、社会心理的观点、组织的观点），并以 Reason 模型为理论基础，发展成为系统的人为差错分析工具。该理论框架是在美国海军大量飞行事故调查研究的基础上提出，经过了大量的案例检验，目前已被美国陆海空三军和民航组织广泛采用，在调查人为差错飞行事故方面逐渐树立起权威。该系统认为，不安全事件的发生，通常是掺杂众多因素的复合型意外，是一连串事件环环相扣导致的，不论是决策、管理层还是一线的操作人员，都属于不安全事件的人为因素分析与分类的主要范围。HFACS 解决了人为差错理论和实践应用长期分离的状态，填补了人为差错领域一直没有操作性强的理论框架的空白。HFACS 模型在理论和实践间架起一座桥梁，并在美国海军的安全数据监控和措施干预中发挥显著作用，使违章导致的事故的比重在 3 年时间里下降约 20%。

3.5.2 HFACS 模型的具体内容

人为因素分析与分类系统（HFACS 模型）专门用来定义 Reason 模型中的隐性差错和显性差错，在分析人为因素导致的数以百计的飞行事故报告的基础上，提炼出 HFACS 框架，按与航空不安全事件关系由近及远将人为因素划分为 4 个层级，共 17 个子项目，每个层级对应于 Reason 模型的一个层级，框架中的每个较高层级会直接影响下一层级（图 3-8），4 个层次如下：

（1）不安全行为；
（2）不安全行为的前提条件；
（3）不安全的监督；
（4）组织影响。

1. 不安全行为

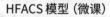
HFACS 模型（微课）

HFACS 模型应用（微课）

操作人员的不安全行为，表现为一线操作人员的差错和违规，属于现行失效，如图 3-8 中"不安全行为"所示。不安全行为是大多数飞行和地面不安全事件中人们所关注的焦点，也是传统不安全事件调查止步之处。操作人员的不安全行为大致可分为差错和违规两类。差错是指人的行为在非故意的情况下偏离了要求的、意愿的和期望的行为；违规是指没有遵守规章制度的行为。差错和违规的共同点是人都不想得到坏的结果。本质的区别在于操作者事先是否知道偏离了规定。通常，差错代表的是由个人的精神和身体的活动导致没有得到预期结果。毫无疑问，犯错是人的本性，在航空安全事故数据库中占有较大比重。另外，违规是指故意不遵守确保安全的规章制度，很多组织的致命伤是这些不可宽恕的、完全"可能制止的"不安全行为，对它们的预测和预防，是管理人员和研究者义不容辞的责任。

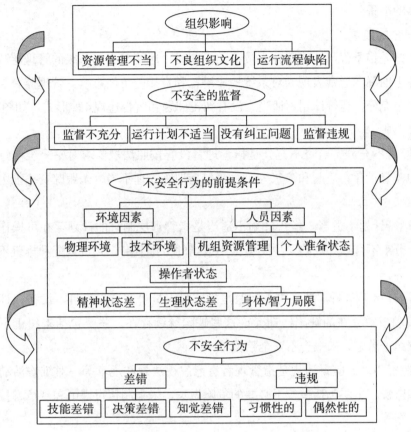

图 3-8　人为因素分析与分类系统（HFACS 模型）框架

尽管如此，差错和违规之间的这种区别仍不能满足事故调查和人为差错研究人员的要求。这里对差错和违规的类型进行了扩展，其中包含了三种类型的差错，即技能差错、决策差错和知觉差错；两种形式的违规，即习惯性的违规和偶然性的违规。

2. 不安全行为的前提条件

根据统计结果，约 80% 的飞行事故是由机组的不安全行为直接导致的。然而仅仅盯住不安全行为就像盯住发烧现象而没有查清导致它的潜在疾病一样。因此，调查人员必须深挖不安全行为发生的原因，即分析不安全行为的前提条件（操作者状态、环境因素和人员因素），如图 3-8 中"不安全行为的前提条件"所示。在航空维修方面，不安全行为的前提条件是指一线操作者不安全行为发生的背景因素，以及发生不安全事件的明显错误和潜在诱因，包含了现行失效和潜在失效。它可分为精神状态差、生理状态差、身体／智力局限、机组资源管理和个人的准备状态 5 个子项目。精神状态差、生理状态差和身体 / 智力局限强调的是操作者个人层面的因素，个人的精神状态（过于自信、冲动、厌倦、精神疲劳等）、生理状态（疾病、生理疲劳、生理失能等）和身体 / 智力局限（人与维修任务的匹配性）是操作者出现低于标准行为的条件，直接影响操作者在完成维修任务时的行为表现。个人的准备状态强调个人工作前的准备，如药物和酒精的使用、过度娱乐、睡眠、工作前工具的准备。

3. 不安全的监督

许多维修差错不仅与一线工作人员有关，同时，还能够在高一级的管理层找到症结，中低层管理上的漏洞通常表现为对系统构成潜在和直接的负面影响。管理监督层的漏洞主要包括监督不充分、运行计划不适当、没有纠正问题和监督违规 4 种形式，如图 3-8 中"不安全的监督"所示。

（1）监督不充分。监督不充分是指管理者没有按照法规要求对整个维修过程进行全面和仔细的监督，存在遗漏和疏忽等。主要包括训练管理不当、未跟踪资格能力、缺乏专业指导等。

（2）运行计划不适当。运行计划不适当是指管理层制订的计划存在可操作性不强、模棱两可、分工不合理等缺陷。主要包括不适当的工作节奏、人员调配和排班不当、过大的任务风险等。

（3）没有纠正问题。没有纠正问题是指监督人员"知道"人员、设备、训练或其他与安全相关领域中存在的缺陷，却允许这些缺陷继续存在。主要包括未纠正不恰当的行为、未采取纠正措施、未报告不安全趋势等。

（4）监督违规。监督违规是指管理者有意忽视法规和规章等，对维修活动进行了错误的指导和监督。主要包括授权不必要的危险做法、未强制执行规则和规章、授权不具资格的人员工作等。

4. 组织影响

最高层的决策和组织错误直接影响下层监督管理人员的行动以及操作者的状态和行为。而决策组织差错经常被人们所忽视，它往往是导致事故的根源。在对事故或事件进行调查时需要特别关注。决策组织层的漏洞主要包括以下 3 个方面。如图 3-8 中"组织影响"所示。

（1）资源管理不当。资源管理不当是指组织在资源管理、分配与保持上的决策出现错误或偏差，如不重视人员的培训和复训，为节约成本过度缩减开支，未购买足够的维修设备和工具等。

（2）不良组织文化。不良组织文化是指组织中盛行的不良风气，如一线人员缺乏提升和发展的机会、为维护各自利益欺上瞒下、忽视小差错和小缺点、忽视交流沟通等。

（3）运行流程缺陷。运行流程缺陷是指管理组织内部对各类工作所制定的决策和规则存在漏洞，如公司对维修人员规定的时间压力太大、公司用人制度缺乏激励机制、缺乏足够的风险管理规定、工作任务分配不平衡等。

Reason 模型为人的失误和事故致因研究提供了一个全面的理论。在此基础上，HFACS 模型定义了"奶酪中的洞"，以促进该模型在事故调查和分析中的应用。要强调的是，这些分类并不是无中生有的，更不是"专家级"调查人员在自由讨论过程中产生的。相反，它们是通过分析数以百计的飞机事故报告获得的经验性总结。

3.5.3　基于 HFACS 模型的航空维修差错案例分析

对航空维修差错进行分类与分析的目的是改进航空维修工作中存在的漏洞，更好地预防和减少维修差错的发生。下面以 HFACS 模型分析本节情境导入"十字螺钉旋具头打坏发动机地面事故"的航空维修差错案例。

（1）事故调查。2009 年 9 月 5 日，孔探检查发现左发高压压气机的 3~12 级转子叶片有不同程度的损伤。根据分析应为外来物打伤所致，从而对可能的情况进行了调查，重点调查了 2009 年 9 月 2 日左发压气机 2.5 级放气带操纵机构的润滑工作。左发 2.5 级放气带操纵机构的润滑由高检某分部机械员进行，他按要求从工具房借出工具（两条红布带、一个长方形的胶垫），并按施工要求用红布带封闭 2.5 级放气带，用胶垫盖上气冷式滑油冷却器的入口，并从班组公用工具箱中取出一把卡拉螺钉旋具、一支 1/4 短套筒和一件 1/4 偏心十字螺钉旋具头。准备好工具后开始拆卸位于低压压气机放气管后部整流罩的螺钉（共 20 个）。拆开后部整流罩后开始润滑，直到 14 时才润滑完毕。安装后部整流罩是从发动机内侧开始的，当装完 1 点钟位置的螺钉时突然听到有东西掉下来，检查发现安装在卡拉螺钉旋具上用胶纸粘好的偏心十字螺钉旋具头不见了。于是在工作区域寻找，但没有找到。之后根据掉下来的声音判断可能是掉在发动机可调静子叶片上，因此借助镜子和电筒寻找，但仍未找到。当时该机械员将丢失工具的情况告诉了和他一起在左发工作的同事，该同事也帮助寻找，还是没能找到。于是该机械员将刚才装上的螺钉全部拆下来，将红布带和胶垫也都拆了，准备在 2.5 级放气带内部寻找。正在这时，当班代理主任走了过来，问明情况后叫本小组另一机械员借来孔探仪进行寻找。当班代理主任和两名维修人员分别先后进行了孔探检查，均未在发动机内部找到丢失的螺钉旋具头。15 时 30 分左右，丢失螺钉旋具头的机械员突然想到会不会掉到发动机底下的废油盘中，经查找从中找到一个 1/4 偏心十字螺钉旋具头，就将其丢回工具箱。16 时回到休息室，当班代理主任问该机械员找到螺钉旋具头没有，他回答在废油盘中找到螺钉旋具头，当班代理主任就没有把这件事报告车间值班经理。由于操作者在寻找螺钉旋具头时将 2.5 级放气管后部整流罩的螺钉全部拆下，安装工作由工卡站交给高检一分部机械员完成。该机械员接到工卡后先清点了安装螺栓（20 个），然后到工具房借偏心十字螺钉旋具头，正好在工具房门口见到另一机械员要还的偏心十字螺钉旋具头，于是从他那里拿了一个。回到左发后，他先用胶纸将 2.5 级放气带封严，然后才把螺钉用手拧在罩环上，再用工具拧紧。拧完后检查确认无漏装，便清点工具，确认自己在安装过程中没有丢失工具和其他零件，将偏心十字螺钉旋具头还回工具房。

从整个调查情况看，在安装左发压气机 2.5 级放气管整流罩螺钉时曾丢失一个 1/4 偏心十字螺钉旋具头，后来又在发动机下的废油盘里找到一个，但由于使用的和找到的螺钉旋具头都没有编号标记，发现时又没有其他人在场证实，所以还不能确认在废油盘里找到的螺钉旋具头就是丢失的那一个。后将发动机送厂检查，最终找到了掉入发动机的那个十字螺钉旋具头，并证实转子叶片是被该螺钉旋具头打坏。

（2）基于 HFACS 模型分析。通过对事件的描述可以得出该机械员不慎将十字偏心螺钉旋具头掉入发动机是导致飞机左发高压压气机的 3~12 级转子叶片严重损坏的直接原因。这是传统事故调查所关注的结论。但是按照 HFACS 模型理论，事件的调查和分析不能到此为止，需要进一步追根求源，进一步查找，为什么使用未编号的工具进行工作？为什么让非专业孔探人员进行检查？为什么工具管理控制存在混乱？为什么管理层没有对工具问题进行纠正和解决？就以上问题下面将应用 HFACS 四层模型进行详细分析。

1）不安全行为。

①差错——技能差错。由于操作者疏忽大意不慎将十字偏心螺钉旋具头掉入发动机。

②违规——特殊违规。工具保管负责人员未能做好工作后的工具清点工作。

2）不安全行为的前提条件。维修资源管理不善——操作者低于标准的操作。操作者使用未编号的工具进行维修工作，并且将工具丢失，丢失后无法判断找到的是否是丢失的工具。

3）不安全的监督。

①问题未正确解决——未采取纠正措施。工具保管存在混乱和缺陷，监督人员未及时纠正工具箱内未编号工具的问题。

②监督违规——授权没有资格的人员工作。代理主任组织非专业孔探人员进行孔探检查，由于缺乏专业技能和经验，没有找到掉入发动机内的工具。

4）组织影响。

①有缺陷的运行流程——对整个维修系统的工具统一管理存在缺陷。公司对工具缺乏统一管理，其程序不能涵盖所有部门（如车间），只能控制工具房采购的工具，对各车间购买的工具未能有效控制。

②不恰当的资源管理——代理主任未向值班经理报告工具丢失的情况，同时缺乏有效的监督检查。

5）整个事故链的形成。

①组织影响。由于公司管理程序不够完善，存在不能控制公司所有工具的缺陷。

②不安全的监督。存在未编号的工具放在工具箱里，并且被工作者拿去使用的问题，这一缺陷没有及时纠正，致使发生无编号工具丢失后，无法确定找到的工具是否就是丢失的那一件。

③不安全行为的前提条件。维修资源管理不善，未编号工具被工作者领用。

④不安全的行为。工作者不慎将未编号的工具丢失，由此引起一起重大地面事故。

3.6 其他理论模型

【情境导入】

"一花独放不是春，万紫千红春满园。"在航空维修技术不断发展的过程中，航空维修差错理论也在不断发展，产生了各种各样的研究理论、应用模型。

【知识学习】

3.6.1 事故链理论

国际民航组织（ICAO）认为：大事故极少是由一个原因引起的，而是由许多因素像链条一样，将各个环节连接在一起时发生的。要防止事故的发生，只要将链条上的某一环节截断就可以了，如图 3-9 所示。

图 3-9 事故链理论

3.6.2 "6 因素"控制模型

"6 因素"控制模型是在民航人为因素圆盘漏洞理论的基础上，描述航空事故是如何发生的 4M1E 理论模型原理，它是一种早期质量管理流程分析法中分析危险源使用最为广泛的工具。在圆盘漏洞理论中包含 5 个要素，即人、机、料、法、环。根据航空维修进一步扩展了"测"的要素，即人、机、料、法、环、测，由此形成系统的方法，更加适合军用航空器维修实际，如图 3-10 所示。

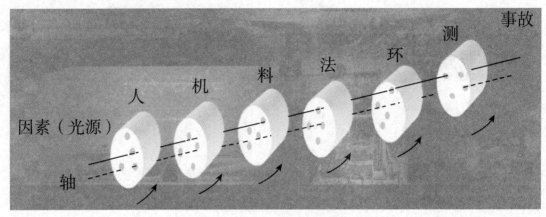

图 3-10 "6 因素"控制模型

（1）人（Man），指的是所有与航空器和导弹装备运行、维修及管理相关的人员；

（2）机（机器，Machine），指的是航空器和导弹本身，或者导弹装备发射系统及使用的装备；

（3）料（物料，Material），指的是航空器和导弹装备的使用、维修所需的航材或器材等；

（4）法（方法/法规，Method），指的是航空器和导弹装备运行及维修必须遵守的各项程序和法规有效资料等；

（5）环（环境，Environments），指的是航空器和导弹装备运行的外部环境，包括自然环境和安全环境。

（6）测（Test），指的是校准、测量测试、分析验证、监督检测等的特别要求。《质量管理体系要求》（GJB 9001C—2017）中增加了第 6 条"测量"的要素要求，即航空装备的维修使用过程中的校准、测量测试、监督、检测、分析、验证、软件使用管理等方面特定的要求。

3.6.3 蝴蝶结模型

借助蝴蝶结模型在风险控制中的应用，是对可能存在的风险，以此来对应可能产生的后果的管理措施分析模型。

风险是指特定危害发生释放的可能性和释放后的严重性结合。控制风险就是减少危险源、危险有害因素，确保安全措施有效，控制事故的后果。

蝴蝶结模型应用的特点：由事物的危害性找到威胁，由威胁找到事物的屏障，由事物发展的风险定方法措施，由方法措施控风险范围，最终达到风险可以接受的程度，如图 3-11 所示。

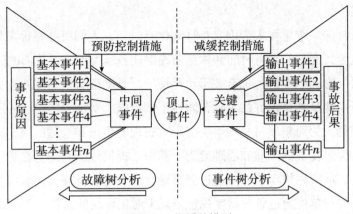

图 3-11　蝴蝶结模型

3.6.4　PEAR 模型

美国联邦航空管理局（FAA）对人为因素进行了大量研究，FAA 机务系统人为因素首席科学家和技术顾问 William Johnson 博士与 Human Centric 技术部队资深科学家 Michael Maddox 博士针对航空机务维修系统研究提出了 PEAR 模型（图 3-12）。

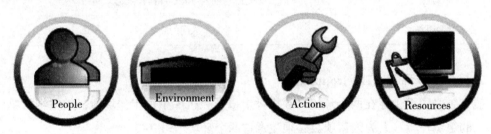

图 3-12　PEAR 模型

PEAR 模型包括机务工作者（P）、机务工作环境（E）、执行机务的操作（A）、完成机务工作必要的资源（R）。

1. 机务工作者（People）

航空维修中的人为因素专注于执行工作的人，以及解决他们的物理、生理、心理和社会心理因素。不仅必须注重人的身体能力及其影响因素，还应考虑人的精神状态、认知能力和可能会影响其与他人交往的条件。

在大多数情况下，人为因素项目旨在围绕航空维修单位现有机务维修人员设计。航空维修单位不能对所有机务维修人员使用完全相同的力量、身材、耐力、经验、激励和考核、认证标准。航空维修单位必须匹配每位机务维修人员个人的身体特性和相应执行的任务。航空维修单位必须考虑如下因素：每个人的身材、力量、年龄、视力等不同，确保每个人身体能够执行正常工作任务，一个良好的人为因素项目要考虑到人类的局限性，并据此设计和安排工作。

影响工作设计的一个重要人为因素是计划休息时间。人们可能在很多的工作条件下感觉身体和精神疲劳。充足的休息时间和休息期确保任务压力不超过他们的能力。

另一个"人"方面的考虑,也有关于"环境",是确保有适当照明,尤其是针对年长人员。视力和听力测试都是很好的主动预防性干预措施。对个人的关注并不停留在身体能力上。一个良好的人为因素项目必须解决会影响表现的生理和心理的因素。航空维修单位应该竭尽所能,促进良好的体质和心理健康。其中,提供健康和健身教育计划是鼓励身体健康的一种方法。航空维修单位可以通过健康膳食减少机务维修人员病假情况和提高机务保障能力。航空维修单位通过管理制度规定来减少对化学品的依赖,包括烟草和酒精。

"人"的另一个问题涉及团队协作和沟通。安全及有效率的航空维修单位设法促进沟通,以及机务维修人员、管理人员和领导之间的合作。例如,机务维修人员寻找方法来改善制度,消除浪费,提高保障效率,帮助确保持续安全,应该得到奖励(表3-1)。

表3-1 机务工作者的因素

身体因素	身高、性别、年龄、力量、五官等
生理因素	营养状况、健康程度、生活方式、疲劳程度、化学品依赖性
心理因素	工作强度、经验、知识、培训、态度、情绪
心理社会因素	个人间的冲突

2. 机务工作环境(Environment)

航空维修中至少存在两个环境:在机坪上以及在机库中的工作场所;航空维修单位内部存在的组织环境。人为因素项目必须注意这两个环境(表3-2)。

表3-2 机务工作环境

物理环境	天气、内外地点、工作场所、照明、噪声、安全等
组织环境	监督、劳工关系、压力、航空维修单位规模、盈利性、士气、人员结构、航空维修单位文化等

物理环境包括气温、湿度、照明、噪声控制、洁净和工作场所涉及的范围。航空维修单位必须承认这些条件,并与机务维修人员合作接受或者更改物理环境。航空维修单位通过科学化的管理和人本关怀,来解决物理环境中所存在的问题。

较难感触到的环境是组织的内部环境。组织的环境因素通常与合作、交流、共同的价值观、相互尊重和航空维修单位文化相关。领导力、沟通和共享与安全、遂行任务能力和其他关键因素关联的目标,促进了良好的组织环境。最好的指导和机务维修人员组织合适的安全文化。对组织的文化有显著的正面影响的一个示例是美国联邦航空管理局航空安全行动计划(ASAP)。ASAP项目是美国联邦航空局与航空维修单位管理层和其机务维修人员的合作安排，报告并纠正错误。其结果是团队合作发展到一个新的水平，促进非惩罚性事件报告，以及同时清晰沟通管理错误和成本，确保持续安全。

3. 执行机务的操作（Actions）

成功的人为因素项目会仔细分析人员高效、安全地完成作业必须执行的所有操作。工作任务分析（JTA）是标准的人为因素的做法，来识别在给定的工作任务中执行每项任务所需的知识、技能和态度。JTA 有助于确定指令、工具和其他必要的资源。坚持 JTA 有助于确保每个机务维修人员得到适当的训练，每个工作场所拥有必要的设备和执行这项工作所需的其他资源。许多航管局要求 JTA 作为公司的一般维修手册和培训项目的基础。另外，很多人为因素挑战关联到使用作业单卡和技术文档，一个清晰文档有助于明确行动的流程。

4. 完成机务工作必要的资源（Resources）

一般情况下，人、环境和行动的特点决定了资源。注意将资源和 PEAR 的其他元素分开。

许多资源是有形的，如电梯、工具、测试设备、计算机、技术手册等。其他资源不太明确，如工作人员的数量和资历，完成作业的时间分配，组员、督导员、供应商和其他人之间的沟通水平等。资源是机务维修人员（或其他任何人）完成工作所需要的物质。例如，防护服、手机（对讲机）、铆钉等都可以是资源（表 3-3）。

表 3-3　机务工作必要的资源

资源	流程、工作单卡、手册、测试设备、工具、照明、培训、质量保证系统、地面操作设备、工作台等

5.PEAR 和安全管理的关系

民航管理当局都开始要求航空业建设安全管理系统（SMS）。一个组织要有一个正式的流程，找出潜在的危险和其相关联的风险水平。作为航空维修单位的 SMS 的一部分，政策必须明确，必须查明隐患和采取措施，并必须监控可接受的安全水平。

人为因素项目 PEAR 提供识别和控制组织内的很多潜在危险的方法，应该是 SMS 程序的一个必不可少的组成部分。而且 PEAR 很容易记住，方便在一线部门进行具体实施。

本章所介绍的理论或模型都有着各自的理解和定义，但是其核心思想基本一致：一是航空维修差错是人出现的偏差和错误；二是任何人都有发生维修差错的可能；三是航空维修差错是可防可控的。

思考题

1. 墨菲定律（Murphy's Law）主要内容有哪几个方面？请举出学习、生活中与墨菲定律相关的现实例子。

2. 海恩法则对于认识和预防维修差错的重要指导意义是什么？

3. 分组讨论 SHEL 模型中 S、H、E、L 分别代表的是什么？

4. Reason 模型的重要价值体现在哪些方面？

5. 请用 HFACS 模型画出航空维修人为因素的层次。

【延伸阅读】

精益求精　匠心筑梦

2022 年 8 月，国产大型客机 C919 完成国内取证试飞。从 1970 年我国自主研制的"运十"飞机立项算起，中国人的"大飞机梦"已经延续了半个多世纪。干线客机市场长期被国外企业垄断，C919 是少有的新来者、真正意义上的竞争者。"我们一定要有自己的大飞机"，从立项到总装下线再到首飞、取证试飞，C919 用十几年的稳步前行让世界看到中国大飞机事业的远大目标和最新成果。如今，梦想即将成为现实，22 个省份、200 多家企业、近 20 万人和几代航空人共同托举、接续奋斗的意义更加彰显。

上海飞机制造有限公司高级技师、数控机加车间钳工组组长胡双钱在钳工岗位工作了 30 多年，把一生中最宝贵的时光全部奉献给了各式各样的飞机零部件。

胡双钱以他"精益求精，追求完美，打造极致"的工匠精神，在平凡的岗位上做出了不平凡的业绩。

36 年无差错的"手艺人"

胡双钱出生在上海一个工人家庭，从小就喜欢飞机。制造飞机在他心目中更是一件神圣的事，也是他从小藏在心底的梦想。1980 年，技校毕业的他成为上海飞机制造厂（现上海飞机制造有限公司）的一名钳工。从此，伴随着中国飞机制造业发展的坎坎坷坷，他始终坚守在这个岗位上，发挥着一个"手艺人"的价值。一次，生产急需一个特殊零件，从原厂调配需要几天的时间，为了不耽误工期，只能用钛合金毛坯来现场临时加工。这个任务交给了胡双钱。0.024 mm 相当于一根头发丝直径的一半，这个本来要靠细致编程的数控铣床来完成的零部件，在当时却只能依靠胡双钱的一双手和一台传统的铣钻床。打完这 36 个孔，胡双钱用了一个多小时。当这场"金属雕花"结束之后，零件一次性通过检验，送去安装。

航空工业要的就是精细活，大飞机的零件加工精度要求达到十分之一毫米级，胡双钱说："有的孔径公差，相当于人的头发丝的三分之一。"工作中，无论零件是简单还是复杂，胡双钱都一视同仁，核对图纸、画线打磨、完成加工、交付产品，每个步骤他都反复检查数遍，直到"零瑕疵"。

正是因为这种追求完美的"工匠精神"，胡双钱曾连续 12 年被公司评为"质量信得过岗位"，36 年里产品 100% 合格，无一例返工单，曾获 2002 年的"上海质量金奖"。

飞机关乎生命，干活要凭良心

在一个 3 000 m² 的现代化厂房里，胡双钱和他的钳工班组所在的角落并不起眼，而打磨、钻孔、抛光及对重要零件细微调整，这些大飞机需要的精细活都需要他们手工完成。画线是钳工作业最基础的步骤，稍有不慎就会导致"差之毫厘、谬以千里"的结果。为此，胡双钱发明了"对比复查法"，他从最简单的涂淡金水开始，把它当成是零件的初次画线，根据图纸零件形状涂在零件上，"好比在一张纸上先用毛笔写一个字，然后用钢笔在这张纸上同一个地方写同样一个字，这样就可以增加一次复查的机会，减少事故的发生。"胡双钱说。"反向验证法"则是胡双钱最为珍视的"秘诀"，这也与最基础的画线有关。钳工在画线零件角度时，通常采用万能角度尺画线，那么如何验证画线是否正确？如果采用同样方法复查，很难找出差错。这时，胡双钱就会再用三角函数算出画线长度进行验证。结果一致，继续进行下面的操作；结果不相符，就说明有问题了。这样做，无异于在这一基础环节上做了双倍的工作量，但保证了加工的准确和质量，减少了报废。胡双钱常说："飞机零件关乎生命，干活要凭良心。"

匠人之所以被称为"匠"，是因为他们拥有了某种娴熟的技能，但这个技能可以通过实践的积累"熟能生巧"，蕴藏在技能背后的，还有更深层次的精神内涵。对于胡双钱来说，在这些技术层面的"手艺"之上的，实际上是对生命的"尊重"。

竭力打造一支精品团队

胡双钱的手艺和职业道德，不仅在工作中得到了工友们的钦佩，同时也获得了各级政府部门的认可。工作 36 年来，胡双钱先后获得全国劳动模范、全国"五一"劳动奖章、上海市质量金奖等，更在 2015 年被授予"全国敬业奉献模范"称号。胡双钱主要负责ARJ21-700 飞机项目的零件生产、C919 大型客机项目技术攻关，并承担青年员工的培养工作。"我常常鼓励青年安心型号研制，工作中做到严格按照零件'标准加工方法'加工零件，不多步骤、不漏程序，始终带着感恩、责任和思考做工作。"在培养青年人的方式上，胡双钱有自己的思路，"积极发挥技术技能'双通道'的培养优势，培养青年'一岗多能''一岗多专'。"

在胡双钱眼里，个人的荣誉并不重要，自己的活儿少了，说明集体的力量壮大了。他说，"作为'大国工匠'劳模创新工作室的领军人物，我将竭力为中国大飞机事业打造出一支技术创新、攻坚克难、吃苦耐劳、勇于追梦的精品团队。"

第 4 章

04

航空维修差错的致因分析

【学习目标】

【知识目标】

(1) 理解航空维修差错的产生是由多个方面的因素相互影响、相互作用的结果。

(2) 掌握发生航空维修差错人为因素主要是指维修人员本身存在的问题，包括心理因素、生理因素、技能素质和维修作风等方面。

(3) 掌握发生航空维修差错航空装备的因素包括航空装备的可靠性、维修性、安全性和维修手段等方面。

(4) 掌握发生航空维修差错环境因素是通过影响人的身心来影响维修工作的质量和效率，包括自然环境、场地环境、惯性环境、制度环境、人文环境等几个方面。

(5) 掌握发生航空维修差错组织因素是组织管理不到位，存在管理漏洞。维修活动中的组织管理可分为计划、组织、实施和检验 4 个环节。

【技能目标】

(1) 能认识到航空维修差错的产生是由多个方面的因素相互影响、相互作用的结果。

(2) 会分析、归纳航空维修差错产生的原因。

(3) 能将航空维修差错产生的原因进行分类。

【素质目标】

(1) 养成认真负责、准确迅速、团结协作、刻苦耐劳的机务维修作风。

(2) 建立正确认识航空维修差错的科学态度。

(3) 增强服从命令、令行禁止的遵纪守规意识。

航空维修差错很少是由单一的因素引起的，其产生的机理是多层次的、错综复杂的。根据人—机—环境—管理系统理论和发生人为差错的机理分析，航空维修差错的产生主要是由 4 个方面的因素相互影响、相互作用的结果，即维修人员因素、航空装备因素、维修环境因素和组织管理因素。

4.1 维修人员因素

【情境导入】

美国射击运动员埃蒙斯 2004 年雅典奥运会 50 m 步枪三姿决赛中最后一枪之前，他拥有 3.8 环的优势，这意味着他只要打出 7.2 环的业余水平就可以夺冠。然而，戏剧性的一幕出现了，埃蒙斯最后一发子弹打出后，他的靶纸上竟然没有记录。比赛官员反复检查，靶纸上没有留下任何枪弹的痕迹，就在此时，3 号靶纸显示出已中两弹，分别是 10.6 环和 8.1 环。原来，埃蒙斯竟然鬼使神差地打到了相邻的靶位上。

在 4 年之后的北京奥运会决赛中他还是最后一个击发，依然是大比分优势领先，一个更业余的 6.7 环就足以将他推上最高领奖台。同样的致命最后一发，4.4 的数字出现在显示屏上。两届奥运会都是在最后的关键一枪失误，足见当时他的心理压力巨大（图 4-1）。

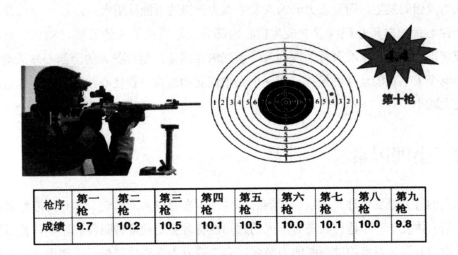

枪序	第一枪	第二枪	第三枪	第四枪	第五枪	第六枪	第七枪	第八枪	第九枪
成绩	9.7	10.2	10.5	10.1	10.5	10.0	10.1	10.0	9.8

图 4-1 奥运射击选手因心理因素两届奥运会出现失误

"人为差错"一词在人们日常生活和复杂系统的安全研究中广泛使用。它有两个基本点：偏离某种规范或标准，操作者的无意行为。这两点集中体现了目前许多研究者对人为差错的界定。当然人为差错并不主要指"人为"主观故意造成的差错。直接导致安全事故的人为差错是人为差错的特例。人为差错可能发生在从事计划、设计、制造、安装、维修等各类人员身上。

人的影响是多方面的，这里讲的人为因素主要是指维修人员本身存在的问题，包括心理因素、生理因素、技能素质和维修作风等方面。

4.1.1　心理因素

维修人员心理素质的好坏直接影响机务维修活动的全过程。心理因素主要包括人的认知能力、意志力和个性心理倾向等方面。

认知能力较强的人更不容易出现人为差错。情绪是人们在实践中对客观事物所持态度的体现，分为积极性和消极性两个方面。积极的情绪能增强人的活动能力，使人心情愉快，工作积极，思维敏捷，善于克服困难；消极的情绪如悲观、郁闷、多虑等，则会削弱人的意志，表现得无精打采、精力涣散、烦躁等，这往往容易导致人为差错的发生。人的情绪总是有起伏的，当情绪波动超过一定限度时，维修差错发生的可能性就会骤然增加。

意志力反映的是人的自我控制能力和自我约束能力。一般来说，意志力强的人更容易避免人为差错的发生，而意志力弱的人发生人为差错的可能性更大。

个性心理倾向是心理因素中最为核心的部分，它反映了人的需要、动机、兴趣、爱好、理想信念、抱负水准及价值取向等一系列内在因素，制约着人的全部心理活动方向，进而影响个人主观能动性的发挥。当一个人主观能动性高、责任心强时，发生差错的概率就会大大减小。

4.1.2　生理因素

个人的行为是受生理"极限"影响的。生理因素通过人的感觉、知觉与航空装备发生联系。当人体处于"不适"状态时，人的感知性有时会受到某种阻碍和影响，使其反应迟钝，注意力分散，对事物的判断能力减弱，容易造成人为事故隐患。生理因素主要包括疲劳、疾病和生物节律 3 个方面。

（1）疲劳是一种复杂的生理现象，是中枢神经系统特别是大脑皮层抑制逐渐扩散的结果。

关于疲劳发生的机理有能源耗竭理论、疲劳物质积聚理论和内环境失调理论等，不仅与工作环境和社会环境有关，有时也受心理状态的影响。疲劳可以分为精神疲劳和身体疲劳、中枢疲劳和末梢疲劳、急性疲劳和慢性疲劳、局部疲劳和全身疲劳等。疾病也会导致疲劳，对维修工作的影响同样不可忽视。当机务维修人员患有疾病时，将会严重影响其体能、智能和情绪。

航空维修人员出现过度疲劳时，往往表现出精神萎靡不振、注意力不集中、反应迟钝、动作迟缓、不协调并且缺乏准确性，将使维修质量低劣、维修效率下降，最终导致差错和事故的发生，因而对维修安全产生明显影响。据统计，某部门 10 年来在牵引飞机时发生的 115 起事故中，因精力不集中、刹车不及时而造成的有 94 起，占 81.7%，且大多发生在再次飞行准备或飞行后牵引飞机过程中；在空中飞掉的 119 个窗口盖事件中，有 90% 发生在再次准备后的各次飞行中。为什么这些差错和事故的发生时机大多在再次出动机务准备之后？其原因之一就是连续工作而引起的疲劳。可见，研究疲劳对于维修安全的影响分析是必要的。因此，在维修工作中尽量不要让工作人员疲劳工作，更不要盲目地鼓励和引导大家加班。如能将重要且易出现问题的工作避免安排在疲劳高峰期，就能有效地防止或减少维修事故隐患的产生。

（2）疾病。疾病是一种不正常的生理状态，对维修工作的影响同样不可忽视。当维修人员患有疾病时，将会严重地影响其体能、智能和情绪，影响维修的可靠性。因此，在维修工作中尽量不要让工作人员带病工作，更不要盲目地鼓励带病坚持工作。

（3）生物节律。生物节律是一种正常的生理现象，对维修工作也具有一定的影响。当一个人的生物节律处于低潮时，其日常意识变差，表现出紧张、疲劳、反应迟钝等状态；反之，当 3 个周期比较协调地处于高潮时，是最佳状态，表现得精力和体力旺盛、情绪高昂、敏捷、果断，这时能得到较高的工作效率和工作质量。当处于临界点时，表现出适应性差，行为处于不稳定状态，这时最容易发生差错。

除一些细菌与病毒外，所有生物都具有某种形式的生物钟，控制绝大多数的身体机能的行为水平。吃饭、睡觉、清醒和活动对于人们来说如此熟悉，无须加以描述。当一个人的日常活动不稳定时，称为生活无规律。现在知道在脊椎动物的大脑中有一群细胞组成了这个生物钟。

即使人们处于所有环境因素介质不变的实验室，其生理活动仍遵循日常规律。300 年前，法国天文学家 Jean de Mairen 首先描述了在缺乏外部因素的条件下这种对规律活动的坚持性。他将一趋光性的植物放在一黑暗的小屋里，观察到它仍在黎明时打开叶子，而在黄昏时关闭叶子。这一植物依据某种内部机能保持时间概念。

由于一些未知的原因，当人们长时间处于恒定光明或恒定黑暗的环境中，其内部的生理循环将变为一天 25~27 小时，而不是一天 24 小时。因此，在日常生活中生物钟每天都需要调节或修正。在大脑中组成生物钟的细胞并不受意识的控制，而主要是在人暴露于光线时进行调节。当人体暴露在适当光谱的光照下（如在日照下），将重新调节其内部生物钟到另一天循环的开始。

　　生理功能所表现出来的周期性变化，通常叫作生理节律，如日周节律是人们最熟悉的一种生理节律。人体对昼与夜的反应很不相同。人的身体适于白天活动，到了夜间，各种机能下降，进入休息状态。生理节律是人体内的一种生理和行为功能的过程，大约以一天为周期。对于一天中人体机能状态的变化情况，上午 7 时到 10 时，人体机能上升，午后开始下降，下午 6 时到 9 时再度上升，其后又急剧下降，凌晨 3 时到 4 时下降最明显。

　　清醒与睡眠循环可被不同的方式打乱，例如，当一个人改变工作时间超过了 3 个小时，就会使内部生理功能与新的清醒与睡眠循环不同步。一个飞越多个时区的旅行者也经历过同样的现象，这叫作时差反应。在航空维修中，造成清醒与睡眠循环打乱的最主要原因是在夜间工作，即在应该睡觉时工作。依据各人情况，清醒与睡眠循环的打乱会导致中度到严重的生理与心理上的紊乱。

　　清醒与睡眠循环是这些生理节律中最重要的表现。其他和清醒与睡眠循环同步的现象有体温、泌尿系统、分泌系统等的循环。另一个典型的身体周期性变化的例子是人体一天当中体温的变化。一般情况下，在一天中人的体温变化是 1.5 ℉[①]。对于在白天清醒而夜晚睡眠的人，其体温在黎明前最低而在下午最高（图 4-2）。对于这些有着规律性生活习惯的人，其体温的循环和清醒与睡眠循环的规律是一样的或者说是同步的。人的一天中体温最低的时间是凌晨 3 点到 4 点。而人的警觉水平恰恰是和体温有较大关系的，体温越高，警觉水平越高，在体温的相对低点时人的警觉水平也明显下降，人发生差错的概率明显增加。值得关注的是相当数量的与人为差错有关的重要事件和事故是在黎明前发生或者开始的。汽车事故在凌晨的次数是中午 12 点之后的大约 5 倍。民航维修差错统计也发现，牵引飞机时发生的差错占整个维修差错的 8% 左右，这是一个相当高的比例。而牵引飞机的行为大部分发生在夜间，尤其是凌晨飞机出港前，说明生理节律失调是该差错的最主要原因。

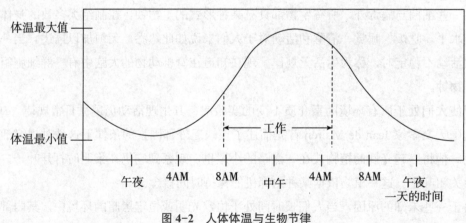

图 4-2　人体体温与生物节律

_____

① 　1 ℉ ≈ 5/9 ℃。

由于警觉性与体温相关，因此也受到清醒与睡眠循环打乱的影响，警觉性的下降经常导致失误率的上升。对于一些要求失误率较低的职业，如医生、飞行员、空中交通管制员和飞机维修人员，应该注意到警觉性下降会带来失误率的增加。在凌晨这个"低谷"阶段，人的行为能力可以通过良好的休息、健康的身体、有效的激励和针对性的良好培训而得到改善；另外，应该尽量避免在这个"低谷"时段，安排复杂的脑力工作和繁重任务。

4.1.3　技能素质

航空装备维修人员的技能素质是确保维修事故、事故隐患不发生的重要基础。如果维修人员缺少应有的专业训练和专业的理论知识学习，对维修对象的基本构造、原理不清楚，基本操作技能低、不懂检查方法，发现和排除故障的能力低，排故不彻底等，就很容易导致事故隐患的产生。例如，2018 年 9 月 18 日，某单位在进行直升机旋翼桨叶折叠时，由于机械师未能很好地进行机种改装培训就上岗工作，技术不能胜任，导致旋翼桨叶折叠错误，旋翼将尾梁砍坏。该案例说

让新员工安装盖板
导致飞行事故征候
（动画）

明，机务维修人员技能素质低，没有掌握飞机的维修技术，不能胜任有关工作。有的新员工经验不足，在工作中也容易出现维修差错。

另外，训练与运用脱节、训练内容陈旧、培训人员不能对口使用、维修人员新老交替脱节或不能合理流动，也是导致维修事故的重要原因。

4.1.4　维修作风

维修作风是维修人员在维修活动中逐渐养成的工作习惯和行为方式，与政治觉悟、职业道德、文化素质、心理素质、技术素质等密切关联。机务工作中违反操作规程、规章制度以及有关规定最终导致维修事故的行为，大多并不是因为维修者不懂维修对象的工作原理、构造和操作方法，而是因为缺乏安全观念和安全意识、维护工作不扎实、工作责任心不强、不严格执行维修规定，这都是维修作风较差的体现。例如，2018 年 8 月 5 日，某航司飞机在飞行中，飞行员报告发动机在转速 9 000 r/min 位置，推不动油门杆。在塔台指挥员的指导下，飞行员反复左右压杆和活动油门杆，才使油门操纵恢复正常。事后检查发现，油门杆操纵不动的原因是维修人员违反进座舱前要擦净鞋上的泥沙、冰雪的规定，将一粒石子从鞋底带进座舱，在飞行中被震到油门操纵系统处，将操纵系统拉杆卡在发动机转速 9 000 r/min 的位置上。

另外，不严谨的维修作风还表现为工作顺利、工作内容简单时思想松懈；受到外界干扰时精力分散；工作忙时粗心大意；维修工作中容易发生的误关、误按等问题。性格与维

修作风有着密切的关系。无论技术多么好的维修人员，如果他固执己见、缺乏自制力、情绪易于冲动，往往容易发生差错或事故。在航空维修工作中，不同性格的人具有不同的表现，会集中反映在不同的维修作风上。具有优良性格的人，工作认真负责，积极主动，严谨细致，能遵纪守法，工作效率高，维修质量好，很少出差错；具有不良性格的人，往往对工作不负责任，消极被动，粗枝大叶，马马虎虎，遇事易冲动，不能遵章守纪，常因违章操作而出问题。许多优秀的维修人员，他们多年从事维修工作，可以始终做到优质安全，而有的维修人员在工作中时常丢三落四，差错不断。之所以会出现这样的差别，其原因之一就是他们的性格不同。既然性格对于维修作风、维修安全有明显的影响，就要充分重视这一因素。要加强维修人员性格锻炼，对于有利于维修安全的性格特征，应积极鼓励，充分发挥；对于不利于维修安全的行为表现，必须进行教育和引导，注意维修人员优良性格的培养和养成。

机务人员维修作风
不严（动画）

4.2 航空装备因素

【情境导入】

西北航空"6.6空难"的图-154飞机是20世纪60年代研制的产品,当时防错设计尚未普遍采用,因而方向舵、副翼舵机的插头为同一型号可以互插。两者涂有不同颜色以示区别,防止插错。客观地说,更换安装架是一项较为简单的操作,各个插头与对应的插座上均涂有相对应的颜色,任何一个无色盲的操作者都能准确地将绿色插头插入绿色插座,将黄色插头插入黄色插座。然而,1994年6月4日晚,一名从业10多年的电气工程师带着2名助手进行维修操作,却犯下了将两个插头相互插错而未检测出来的低级错误。导致飞行员在空中无法正常操纵飞机,飞机空中解体。

【知识学习】

航空装备品质好,使用就安全,事故隐患存在的可能性就小。航空装备品质差,使用就存在危险,事故隐患存在的可能性就大。事故的发生很大程度上要追溯到航空装备的设计因素,取决于航空装备可靠性、维修性、保障性和安全性等水平的高低。在航空装备设计出来后,可靠性和维修性好,故障就少,维修就方便、简单,飞机的完好率、出勤率和任务成功率就高,事故隐患和事故率就低,这样就等于提高了战斗力,同时也节约了经费,安全也得到了保证。

这里的航空装备要以飞机为主,同时也包括维修工具和方法。航空装备的因素主要可分为可靠性、维修性、安全性和维修手段等方面。

4.2.1 可靠性因素

可靠性是指航空装备在使用过程中不发生或少发生故障的一种质量属性,即在规定的使用条件下和规定的时间内完成其规定功能的能力。简单地说,可靠性是航空装备在规定使用条件下和规定时间内可靠地完成任务的能力度量,其中规定使用条件一般包括环境条件(如温度、振动、压力、腐蚀介质等)、负荷条件(如功率、电压、电流、荷载等)、工作方式(如连续工作或间断工作等)及相应的维修水平;规定时间一般是指航空装备的使用寿命和日历时长;规定功能主要是指航空装备能完成哪些任务。可靠性是航空装备能安全地进行维修和使用的重要物质保证。可靠性高的航空装备可延长系统的连续工作时间，减少对备件和机务保障人员的依赖，减少全寿命周期费用，并能更有效地完成战斗任务。1975 年，F-14 战斗机随"肯尼迪"航空母舰首次出航时，因设备的可靠性差，全年平均战备完好率仅为 32.5%。相反，在第三、四次中东战争中，以色列空军利用其飞机良好的可靠性，有效地保证了飞机的高强度出动，使其飞机数量少的劣势转化为战斗和战役中的优势。航空装备不同于单次使用的导弹、靶机等装备，要求从开始投入使用直到退役或报废的整个过程中，保证每一次都能可靠使用，并能及时处理发生的问题，使之迅速恢复到可正常工作的状态。就一架飞机而言，在其寿命周期内，故障的发生可分为 3 个阶段。在第一阶段，初期故障多是由于设计不完善或制造质量不良引起的。第二阶段为寿命周期的主要阶段，在此期间，故障发生最少，多为随机故障。第三阶段是装备进入老龄期，因磨损、老化导致发生的故障增多。航空装备在不同寿命时期的故障分布情况构成了典型的"浴盆"曲线，如图 4-3 所示。

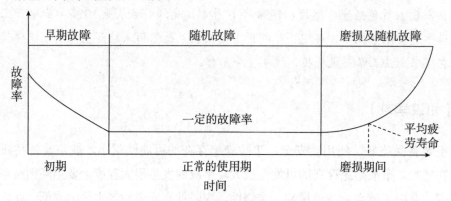

图 4-3　飞机故障率浴盆曲线

可靠性是维修性的基础，维修性受可靠性的影响。航空装备可靠性的提高，不仅节约了人力，提高了工作效率，而且由于减少了维修次数，必然相应地减少了人为差错的机会。据资料介绍，美军一个 F-15A 中队对电子设备的维护，需要 40~50 名技术熟练的维修人员及专家在"后方"隔离故障。若将故障隔离到车间拆换件，则维修人员数量将大大减少。如进一步采用超高速集成电路，车间拆换件可组装为外场拆换模块，通过进行机上原位检测，就可取消航空电子设备中继级维修车间的维修人员，从而降低了维修难度和维修频率，有效地保证了维修安全，提高了飞机的出动强度。

要提高航空装备的使用可靠性，一是精心维修，必要时可对某些故障机械、设备进行改进，以提高其可靠性水平。二是系统、完整地统计分析事故、故障和寿命等可靠性信息，合理地编制维修计划，并向设计、制造部门反馈有关信息。设计、制造部门也应投入一定的人力、物力和财力来从事信息的收集与分析，并对产品进行改进，以实现可靠性提高。三是使用部门之间要进行信息交流和共享，以避免重复事故和故障的发生。

为了保证航空装备的可靠性，我国制定了一系列国家标准和军用标准。以直升机为例，可靠性是保证其航空安全的基础。直升机不像汽车，有故障可以停下来检查，它只能在空中做应急处置，处置不了就要迫降或导致坠毁。因此，可靠性对直升机来说是生死攸关的问题，可靠性高，安全性就好。提高可靠性，也是减少维修事故隐患的途径。可靠性高，检查、拆装、更换的工作少，不仅可节约人力，提高维修工作效率，同时也可减少事故隐患。

4.2.2 维修性因素

从某种意义上说，维修性就是战斗力。在英阿马岛战争中，英国"鹞"式飞机维修性好，每架飞机每天平均出动时间可达 9 小时，可用率达到 80%，100 架飞机每天可出动720 飞行小时，比阿根廷军中飞机的出勤率高得多，在作战中充分发挥了装备维修性好的优势，为打赢战争提供了重要的空中保障。第四次中东战争历时 18 天，在这次战争中，埃以双方都损失了几千辆坦克，而以色列的坦克因维修性好，只用 10 天时间就抢修了近2 000 辆，迅速恢复了战斗力，赢得了战争的主动权。

维修性主要体现在航空装备的可达性、易修性和互换性等方面。航空装备维修性的好坏取决于人机系统的设计是否科学合理。航空装备维修性不好是产生事故隐患的重要诱因。目前，我军现役的航空装备有一部分属于老旧装备，可靠性和维修性都比较低，装备的开敞率低、可达性差，检查时有很多机件看不见或看不清，有时只能凭感觉，维修人员常以躺、卧、爬、跪、蹲等非常规姿势操作，很容易疲劳。如某型飞机的工作窗口大多位于机身上部和下部，维修人员不得不以跪、卧、蹲、趴等姿势进行维修操作，非常不方便。据统计，该型飞机一年内机身修理后进行装配的定额工时为 631 小时，各种操作姿势的工作量如下：蹲 292 小时，占 46.3%；跪 111 小时，占 17.6%；趴 33 小时，占 5.2%；卧 17 小时，占 2.7%；其他（站、仰等）178 小时，占 28.2%。飞机装配技术非常复杂，要求也高，需要自始至终高度集中精力才能搞好工作。而长时间以非常规姿势进行维修操作，容易使人身体疲劳、精力分散，对维修质量和安全极为不利，易构成维修事故隐患。

再有，设备安装固定复杂、交叉率高，使得工作环节增多。例如，某型飞机的助力蓄压器胶囊在使用中经常破裂，更换一个胶囊一般只需一个人工作 15 分钟；但更换之前必须先脱尾部，这就需要 6~7 个人忙上半天。由于航空装备本身维修性差，参与维修的人员也多，工作量大，现场比较忙乱，不仅影响维修效率，增大了劳动强度，增加了拆装机械磨损，而且还增加了因拆装而产生维修事故和事故隐患的可能性。

维修性主要是先天性的，也就是说在论证、设计、制造时就确定了，后天的改进也只是一小部分。提出维修性要求，主要是使飞机能更安全、方便地进行维修，减少维修人力和费用，提高维修效率，使飞机保持良好的可用性，从而提高战斗力。为了保证航空装备的维修性，我国制定了一系列国家标准和军用标准。以直升机为例，由陆航局制定的直升机维修性标准——《直升机维修性通用要求》（GJB 1613—1993）。该标准规定了在设计、制造直升机时要遵循的维修性定量要求和定性要求，它对直升机各系统、部件、设备（包括维修保障设备、工具等），都提出了具体而又详细的要求。

1. 定量要求

（1）平均修复时间。

（2）平均维修时间。

（3）每飞行小时直接维修工时。

（4）每飞行小时维修器材费用。

（5）更换发动机时间。

（6）平均预防性维修时间。

（7）飞行前、后检查时间。

（8）每飞行小时直接维修费用。

（9）故障检测率。

（10）故障隔离率。

（11）虚警率。

（12）其他参数。其他有些参数既与维修性有关，也与可靠性有关，如再次出动机务准备时间、平均维修间隔时间等。

2. 定性要求

（1）缩短停机维修时间：要求采用减少维修时间的设计原则，能快速、可靠地维修，能准确、迅速地进行监控和检测等。

（2）降低维修费用：要求一级、二级维修工时少，零备件和器材消耗少，减少专用维修手段，修复性好，翻修费用低等。

（3）维修简便：要求具有良好的可达性、维修可见性，提高互换性和标准化程度，满足与地面设备的相容性，减少附件与设备等。

（4）降低对维修技能的要求。

（5）具有完善的防差错措施及识别标记。

（6）符合人的工作要求：合适的维修操作姿态，可接受的噪声，适度的照明，不应有超标准的振动，应与人的体力限度相适应，维修强度应符合人的生理能力等。

（7）保证维修安全：防机械损伤，防电击和电磁辐射，防火、防爆、防毒、防核辐射等。

作为使用方的机务维修人员，最有资格提出维修性方面的改进意见，向设计、制造部门提出反馈信息，以便进一步进行改进。同时，在工作过程中，可以对不合理或不方便的维修内容、手段和方式进行改进，以提高维修性。

4.2.3　安全性因素

安全性与维修性是密切相关的。因为维修人员工作时，是处于发生事故的可能性之中，这种可能性很多是设计时不注重安全性设计的结果。安全性越好，产生事故隐患的可能性就越低。航空装备由于设计时对安全性因素考虑不周，曾不止一次地发生过严重事故和事故隐患。例如，由于安全性设计不足，某型飞机发动机涡轮叶片在根部第一榫槽处产生裂纹，在发动机工作时断裂飞出，将设置在涡轮外环外围的后油箱击穿，引起飞机失火，有的碎片击断尾翼舵面的操纵拉杆，使飞机失去操纵，从而发生了一起严重事故。

航空装备在设计时，对于所采用的材料和工具设备，应考虑使用维修中的安全性。特别是对于有潜在危险的材料（如推进剂、炸药、溶剂、液压油、润滑剂、燃油等），应选择安全性能最好的。另外，对于严重危及安全的设备和机件，应有故障自动防护措施，并采用结构破损安全设计原则，使其不至于因一个机件发生故障或损坏而伤害人员、破坏其他设备。在考虑航空装备的总体布局时，要将损坏后容易发生严重后果的机件、设备和系统，尽量远离易损坏的部位。针对一些容易产生事故隐患的器件，要尤其注意其安全性设计。例如，对直升机来说，维修过程中自动倾斜器拨杆中的碟形弹簧片非常容易装反，易产生事故隐患。1970 年 11 月 22 日，某单位在分解和组装过程中，就是将碟形弹簧片装反，从而在工作中发生位移，导致拨杆卡死，受力过大折断，造成空中解体一等事故，死亡7 人。这一问题先后发生过 7 次，其中空中拨杆折断 3 次，地面拨杆折断 4 次，两次飞行员及时处理，发现并消除了事故隐患。所有这些事故和事故隐患都是碟形弹簧片未正确安装的结果，但究其根源，是该型飞机在设计时没有很好地考虑安全性因素，未采取防装反的措施。

4.2.4　维修手段因素

维修手段也是导致维修事故、维修差错不可忽视的因素之一。维修手段必须与维修体制，维修对象的可靠性、维修性水平，飞机的使用维修环境，维修人员科学文化水平和专业技术水平相适应，否则就容易出现问题。

维修手段的重要内容之一是工具设备的使用。工具设备是航空维修工具、量具、随机地面设备和校验（测试）仪器的总称。它是飞机维修工作的重要物质基础和手段。对于特定种类的飞机维修工具，它的设计有 3 个原则：一是数量和种类要少；二是要可靠；三是使用起来方便。从机务责任事故和维修差错的统计分析看，工具设备老旧、破损、失修失校，也是发生维修事故的原因之一。例如，某型直升机由于测量旋翼减摆力矩的弹簧秤不准确，机上测量、调整桨毂减摆力矩标准只达到了一半，而导致发生"地面共振"，直升机翻倒报废，旋翼打地，人员受伤，造成事故。

用于飞机维修工作的工具设备很多，按其功用大致可分为以下几类。

（1）机械拆装工具。如多种规格的扳手、钳子、解刀和飞机、发动机专用工具。

（2）量具。如角尺、卡尺、直尺、千分表、千分垫等。

（3）随机地面设备。如飞机牵引杆、托架、千斤顶、试车架等。

（4）通用仪器。如三用表、示波器、高频信号发生器、超声波（涡流）探伤仪等。

（5）电子、军械、特设、飞机附件专用设备。如电台检查仪、雷达综合测试仪、油量表试验器、电动投弹试验器及飞机附件校验台等。

（6）机械加工专用设备。如车床、铣床、磨床等。

维修工具设备尤其是先进维修辅助决策软件等维修手段的使用对维修人员科学文化水平和技术水平的提高提出了重要要求。目前，英国航空公司开发的工程安全健康状态管理（Management Engineering Safety Health，MESH）软件和美国联邦航空管理局（Federal Aviation Administration，FAA）与波音公司开发的维修差错辅助判断（Maintenance Error Decision Aid，MEDA）软件等先进维修工具软件，在民航的维修工作中已经开始使用，因此，在设计阶段就要综合考虑高素质维修人员培训等配套建设问题。

4.3 维修环境因素

【情境导入】

2016 年 9 月 15 日，某航空客 A321 飞机执行航班，短停时检查发现左、右发的进气道消声层均分层超标，飞机停场更换双发进气道，造成航班延误。

事后调查，发现维修人员在 9 月 14 日航后检查时间为凌晨 2：00，机场下雨，维修人员按检查路线检查了飞机，但检查不细致、不到位，没有发现消声层超标的问题。充分暴露了机务人员技能不足、航后检查质量不高、检查不到位，工作作风不扎实的问题。

【知识学习】

环境因素是一种比较复杂的客观因素，它总是在直接或间接地影响着维修工作，其影响不容忽视。环境因素通过影响人的身心来影响维修工作的质量和效率。它主要可分为自然环境、场地环境、惯性环境、制度环境、人文环境等几个方面。

4.3.1 自然环境

维修工作大多是室外作业，受温度、湿度、噪声、照明、颜色等自然环境因素的影响很大。某航空维修单位提供的资料表明，所发生维修事故中，外场维护时发生的占 80.5%，内场定检修理时发生的占 19.5%，这种现象原因是多方面的，但外场的环境条件比内场差是其中一个重要原因。飞机外场维修，电子、电气故障比较多，进入机库后，故障相对减少，这说明维修与自然环境有关。这里讨论与维修工作关系比较密切的自然环境因素。

1. 温度和湿度

人的最佳工作环境温度为 17 ℃ ~23 ℃，温度过高或过低，人的生理调节功能处于过度紧张状态，就容易产生事故隐患。夏天的维修人员经常处于高温、太阳直晒的环境中工作，机舱内温度有时达 45 ℃甚至 50 ℃。当外界温度高于皮肤温度时，人只能通过出汗来散热。当温度过高时，体力工作者一个工作日排出的汗量达 3~8 L，大量出汗将使机体盐水代谢紊乱，体内严重脱水，疲乏无力，体温升高，甚至中暑。在体力和精力都严重下降的情况下，容易产生事故隐患。低温环境中作业，热量消耗过大，手脚麻木，反应迟钝，同时由于穿戴笨重，操纵灵活性变差，也会增加出错的可能性。高温与低温比较，高温对安全的影响比低温更大。

图 4-4 表明了环境温度与事故频度的关系，在 17 ℃~23 ℃时事故频度最低。

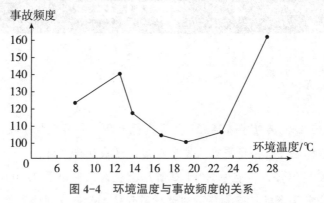

图 4-4 环境温度与事故频度的关系

温度和湿度对人的生理机能有明显影响。在一般环境温度、湿度下，人体能通过体温调节和与外界环境交换热量使体温达到正常范围。在相同的温度而湿度不同时，人的感觉会不同。湿度和风速能影响人体散热效率，在湿度大、无风或风速小时，对于同样的温度，人的感觉是闷热，即人的感觉温度高于实测温度，这种人的主观感觉温度叫作实感温度。如果是在高温和高湿同时出现的条件下，人极易疲劳、瞌睡，工作能力降低，差错增多。

2. 噪声

声音对大脑有一定刺激作用，不同的声响对人产生的心理和生理影响是不同的。悦耳的音乐使人心情愉快，雄壮的乐曲使人精神振奋，哀怨的音乐使人悲伤，而噪声使人烦恼。噪声是由各种不同频率，不同声强的声音无规律地杂乱组合。凡是使人烦躁的、讨厌的、感到不安的或受到损害的声音信号都叫噪声。维修现场噪声的来源主要有三种：一是由气体振动而产生的空气动力性噪声；二是在固体振

噪声污染（动画）

动、撞击、摩擦、多变的机械应力作用下机件发生振动而产生的机械性噪声；三是由于磁场脉动、磁体伸缩引起电气部件振动而产生的磁性噪声。维修现场这三种噪声都存在，但前两种噪声出现得更多一些。强烈的噪声对人的大脑皮层有很大的刺激破坏作用，是影响安全的因素之一。

噪声可以从心理上阻碍维修人员工作能力的正常发挥，使维修人员的维修工作无法顺利进行，对加工信息的能力、注意力、记忆、感知过程和反应速度及工作质量等产生不利的影响，从而严重影响维修的效率。同时，噪声还会使维修人员在工作中精神紧张、烦躁不安、情绪低落、注意力涣散，不能准确接收到周围的信号及人员活动，影响维修质量和安全。另外，维修人员长时间停在强噪声环境中，还会导致听力明显下降。离开噪声环境需要数小时，甚至 20 多个小时后听力才能恢复正常，严重者还会造成噪声性耳聋、神经系统紊乱，表现为头痛、头晕、耳鸣、疲倦。噪声作用中枢神经系统还会引起肠胃机能阻

滞，胃酸度降低，食欲不振，从而使维修人员容易得上胃病和胃溃疡等疾病。

　　国际标准化组织（ISO）在 1998 号文件中公布关于耳聋发病率的统计数据，在 A 声级噪声为 100 dB 环境中工作 40 年的人，耳聋发病率为 41%。飞机工作状态下噪声都比较大，以直升机为例，噪声一般为 85~110 dB，对未戴耳机的空中机械师影响较大，长时间飞行将使听觉迟钝，视觉模糊，注意力不集中，短时记忆力明显下降，反应迟钝，协调性变差，易发生差错和事故，并使处理应急事态的能力下降。有专家指出，航空维修人员佩戴防噪声耳塞等防护用具，可使噪声降低 20 dB，事故隐患的产生可相对减少。为此，民航和军队会为每位维修人员配发降噪耳机。

3. 照明和颜色

　　维修人员作业主要是通过视觉器官感知情况，做出判断。光照对视觉作业非常重要，照明的亮度用照度来衡量，照度就是单位面积上所接受的光通亮，单位为 lx（勒克斯），图 4-5 显示了照度与工作状态的关系。

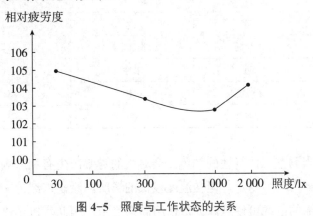

图 4-5　照度与工作状态的关系

　　人工照明需要满足最佳视觉，即达到以下 3 个要求：

　　（1）照度适宜。照度太小或过大都会影响人的视觉，使人产生疲劳。一般作业适宜照度为 150 lx，精密作业为 300 lx 左右，超过 1 000 lx 将使人有昏眩感觉。

　　（2）作业面受光均匀。明暗对比度太强，也会使视觉容易疲劳。

　　（3）局部照明要避免光源直射眼睛。由于维修人员一般露天工作，强烈的阳光直射时照度可达 2 000~10 000 lx，长期这样工作容易使眼睛疲劳、发生视觉障碍或感知错误。亮度过大，可能引起目眩、瞳孔缩小，难以看清被观察物；反之，亮度过小，也会导致被观察物看不清楚。如飞夜航需要加班排故等，维修作业区的采光和照明条件不好，要花费更多的精力和时间才能判明情况。特别是检查、拆装、修理部件和设备的精细部位时，这时容易看错、装错，容易接受错误信息，做出错误判断，造成事故发生的可能性增大，如器件上细微的裂纹、电路板焊接线头虚焊或短路等，易产生事故隐患。有阳光照射的飞机表皮反光也会严重地影响视觉。

　　为保证机务维修人员的视力和维修安全，最好的办法就是佩戴护目镜。阳光下工作应尽量采用茶色的镜片。从机外走进机内工作时，应摘下护目镜，使眼睛处于照明度不太强烈的变化环境中。不论从健康或安全角度出发，保护维修人员的眼睛都是非常重要的。

颜色同样会对人的生理和心理产生影响，颜色光作用于人体就会影响内分泌系统、血液循环系统、呼吸动作、血压、眨眼的频率及皮肤的感觉等，色彩对人的心理影响见表4-1。色彩悦目、调和使维修人员心情舒畅、精神振奋、工作安静，不适宜的颜色会使维修人员情绪紧张、食欲抑制，影响工作安全。根据颜色刺激产生的心理效应不同，将颜色大致可以分为两类：一类是暖色，如红、橙、黄等；另一类是冷色，如青、绿、蓝等。

表 4-1　色彩对人的心理影响

色别	效果		心理上的效果
	距离感觉	温度感觉	
蓝	远	冷	令人心情沉重
绿	远	非常冷	令人心情沉重
红	近	暖	具有禁止、警告之感
橙	非常近	非常暖	具有刺激之感
黄	近	中性	具有刺激之感
褐	非常近	中性	具有刺激之感
紫	非常近	冷	具有刺激之感

根据表4-1适当调整工作场地的颜色，会对人的身心产生有利影响。一些红色调能使人的器官功能发生兴奋和不稳定，但在温度较低的场所，涂刷朱红色一类暖色彩，会使人产生暖热感。蓝和绿的色调可使维修人员情绪趋向稳定，因此，机场停机坪的周围不应有令人刺激的颜色，培植和保持绿色植物与草地对稳定情绪是有益的。同时，高温车间，涂草绿、浅蓝一类寒色调色彩会使人产生凉爽感。在多噪声的车间涂刷绿色、紫罗兰色，也可增加维修人员的安静感。另外，人的视觉在很大程度上依赖于周围环境的对比度水平。对比度不好会使人看错观察对象的状态，做出错误的判断和行为，甚至出现差错酿成事故，精密仪器场所宜采用明快的色彩，它能增加明亮度与清洁感，可以适当增加对比度。

另外，一种颜色由于照明不同也会发生变化。照明可以影响颜色的色度，使人对颜色的知觉产生偏差。因此，维修人员在不同的照明条件下，如果不注意对飞机各系统管路、线路颜色的判别，就有可能形成事故隐患。

自然环境的变化，如温度骤变、风、沙、雨、结冰、雷电、雪和雾等都是人力不可抗拒的自然现象作用，同样会使飞机出现事故隐患的概率增加，直接影响装备的正常工作，如果检查、预防工作没有跟上，将会导致问题的发生。恶劣的自然环境也会给外场工作带来困难，容易降低工作效率和质量，甚至产生维修事故隐患，必须以高度的应变能力予以回避和预防。

4.3.2　场地环境

航空维修工作是在特定场地环境中实施的。场地环境对维修人员的工作影响最明显。首先，由于工作性质决定，大部分的机务维修工作必须在夜晚进行，必须使用电筒或其他照明设备。大量的事实证明，在做比较复杂的工作时，工作者的注意力集中，增强了对出差错的防范，很少出差错；但是在比较复杂的工作完成后，心里放松了警戒，往往会把手电筒、擦布、工具遗忘在飞机上，造成差错。除深夜工作外，全天加班后，也是出差错的关键时刻。其次，在飞机上施工，空间比较小，长时间在狭窄的空间工作，人员的精力、体力、注意力呈明显下降状态，常常会出差错。最后，天气原因对人的工作状态影响也很大。三伏天的炎热、三九天的寒冷、连阴雨、扑面风都让工作者不愿在工作现场长时间停留，有一种急于回到舒适休息环境的本能需求，不自觉地就有了烦躁的心理，漏检项目便时有发生或对明显的故障熟视无睹，造成差错。在场地环境造成的差错中，有一部分可以通过具体机务工作者严谨的、吃苦耐劳的工作作风予以避免。但任何人的可靠性都远远低于制度的可靠性，而场地环境往往是一个客观的现实，想改变是比较困难的。所以，在不断提高机务工作者吃苦耐劳作风的同时，当务之急是加强对自检、互检、专项检验制度的执行。

4.3.3　惯性环境

机务的工作多是重复性工作，包括重复检查和重复拆装。机务工作者正是因为每天重复着相同的工作，在熟能生巧的心理驱使下，单个工作者的心理有一种某些项目肯定不会有问题的错误导向，往往漏检很明显的项目，发生一些所谓的低级错误。但在排除重大故障时，很少出现错误，因为这时工作人员的思维活跃、精力集中，防错意识很强，而且特定的重大故障不是常有的，不存在惯性环境。在平稳

汽油桶遗落在
轮舱中（动画）

的安全形势下，往往潜伏着由于惯性因素造成的很快就要出现的差错。就像天天都要推飞机，但还会发生推飞机时忘记插起落架安全销的事件；经常更换起落架的轮胎，但还会发生忘装螺母安全卡环的事件。另外，在重复拆装的工作中，时时隐含着惯性的出错程序。例如，有的部件装配时有力矩要求，而紧力矩时比较困难，于是大家都不用力矩扳手而习惯用手力感觉，这就为事故埋下了种子。所以，机务的管理者应能在不变的重复工作中，寻找一种方法，这种方法可以是定期或不定期的专业检查轮换，可以是不定期的突击检查，可以是不定期的人员组合变换等，能使具体机务工作者时刻将注意力集中在所有应该检查的项目上，而不使工作者产生惯性的工作程序和惯性麻痹心理。

4.3.4　制度环境

在制度环境中，最重要的是机务工作制度。在过去多年的制度管理的规范下，机务工作制度已经十分完善。机务部门已具备了具体工作所要遵循的航线工作单、定检工作的工卡、排故工作的排故手册以及放行所需要的最低设备清单（MEL）、外形缺损清单（CDL）等。这些单、卡用来规范机务具体工作者的行为和保证维修工作的统一质量标准。对于这些单、卡的执行，需要机务的管理者从工作实际出发，制定一套符合本单位实际的工作程序和制度。工作程序和制度必须符合机务维修工作的客观规律，符合人的心理规律。过去几年发生的未盖滑油箱盖、电子设备舱门，未取下空速管套、机体尾撑杆、起落架安全销以及各种限动销等放行飞机的事件中，没有一例是具体机务工作者的技术原因所致，而且单、卡都已规定了程序，为什么还是在最简单的地方出差错？在排除个人因素外，就是机务制度的防错机制不全面。如果多一层检查人员或者互检，就可以避免这些差错。所以，在机务的制度中应加强自检、互检和专职检验，用多重关口来减少维修差错。在有些机务部门，这种制度都已成文，往往在重大的工作中，也能很好地执行，但在细微之处，容易麻痹，为出差错提供了可乘之机。应该明确机务无小事，检查和互检应处处存在，事无巨细地执行检查和互检制度。制度环境中还包括利益分配制度，即各种奖金的分配制度和提拔激励制度。在这里只讨论机务内部的分配制度。在很多机务内部存在着"大锅饭"时的后遗症，干好干坏一个样，这严重地打击了那些踏踏实实干事业的机务人员的积极性，造成一部分人员工作时注意力不集中；同时，使那些人浮于事的人员更不专心于业务，更容易出错。

4.3.5　人文环境

所有的维修人员都生活在一定的机务群体之中，而且机务的工作也是以个体分工、群体合作为主。研究机务群体环境中对人有利与不利的影响，有利于减少差错。以车间、工段为基层的机务部门中，车间、工段的整体环境是直接影响具体机务工作者情绪的人文环境。若群体的学术气氛浓，对提高技术有普遍要求，这样的集体会主动地在工作之余加强业务学习，精力始终在业务上，出差错的机会就少。如果在工作之余，醉心于扑克、象棋等耗心耗力的娱乐项目，格外关心股市起伏，那么这样的集体出差错的机会就多。扑克、象棋、股市的直接参与者，不仅影响自身的工作质量，而且对那些非参与者的影响也是不可低估的。某部门就发生过在飞行后检查时，一部分人员在外场休息室玩扑克，使在飞机上工作的人员无法安心工作，飞行后检查时错误地把驾驶舱照明灯电门当作电瓶电门关掉，导致电瓶异常放电，第二天飞行前检查时发现电瓶电压不足；也有在飞行保障过程中飞机都已滑行到位，工作人员还在休息室忙着查看自己的股票委托单，打听股市行情；更有甚者是在飞机上工作时，非具体操作者谈论工作以外的事，影响操作者。有些不良作风是在单位直接领导者的参与或纵容下发生的。所以，加强领导机构的建设，在领导机构中树立正气，让那些真正专心于机务事业的领导敢于管理，以抵制机务队伍中歪风邪气，创造一个良好的人文环境；应重点加强基层领导的领导作风和思想素质建设，给具体机务工作者首先创造一个良好的工作、学习和休息的环境。

　　在上述 5 个环境中，自然环境、场地环境和惯性环境往往是由于机务工作的性质决定的，一时难以改变，制度环境和人文环境是可以通过机务管理者和具体机务工作者的共同努力得到改变。应该明确的是出差错有其自身的发展规律，每一起差错都不是单一原因造成的，上述的环境因素也是共同作用的，在出差错以前，机务管理者应善于警惕存在于机务人群中的易出错的盲点，及时纠正，防止出错。应该明确"安全源于长期的警惕，差错归结于瞬间的麻痹"。在出差错以后，分析原因时，不能简单地处理或就事论事地处罚当事者，应在具体分析事情的来龙去脉的同时，更多地分析出差错的根源，总结防止发生此类差错的有效方法，不断地完善机务管理制度，这样差错才会慢慢地减少，直至杜绝。

4.4　组织管理因素

【情境导入】

2019 年 12 月 3 日，某型飞机进行地面收放起落架，由于组织混乱，既无专人指挥，又无明确的口令，当机械员尚在起落架舱检查时，机械师就在座舱收起起落架，致使机械员的头部被舱门夹住而受重伤。

【知识学习】

维修系统中的组织管理属于人的因素和环境因素的有机结合，搞好组织管理，运用现代管理科学的理论和方法，对航空装备维修工作进行政策指导、组织、指挥和控制，协调维修过程中人员、部门之间的关系及人力、财力、物力的合理分配，对维修过程的各个环节进行预测、调节、检验和核算，可以有效地避免工作失误，减少因制度不合理、计划不周、管理不严、协调不得力、控制不到位而造成的非正常维修活动，减少维修事故隐患的产生，提高安全性和生产力，实现最佳的维修效果和经济效益。维修活动中的管理可分哪几个环节呢？

4.4.1　计划环节

在计划环节中，维修部门和个人需要制订周密的维修计划，明确所需资源的供应关系，需组织各方面有机地协调配合。特别是在任务重、人员少、时间紧的情况下，更应周密计划、精心安排。

某些维修单位和人员不善于事先安排计划，习惯于临阵应付，往往由于考虑不周而出现漏洞，或造成工作秩序混乱。在一些较大的维修作业中，由于计划不周密，会导致维修作风和组织管理出现问题，从而产生事故隐患，甚至可能导致事故的发生。例如，2019 年 7 月 7 日，某型战机地面试车时，发生烧毁飞机的严重事故，其原因之一是组织不严密。该机地面试车时要同时检查主油箱增压压力，而机械师没有分工派专人观察油箱增压压力表，也不知道增压压力究竟有多大，直至油箱爆破，可见该机组的工作计划不够周密，管理混乱。因此，制订好计划，避免因计划不周而导致的事故发生，是维修管理工作的起点。

4.4.2 组织环节

在组织环节中，需要根据计划进行任务分工、明确人员职责和各项具体要求，根据实际情况适时指挥调度，对现场的人员、飞机、车辆、工具设备、拆下的机件等位置做出规定，并随时加以维护。

组织环节的隐性失效和管理缺失一般包括以下三个方面：

（1）人员、资源管理不当。主要是指在组织资源的管理、分配与维持上存在问题，包括人力资源在选拔、训练和配备等环节中管理不当，内部信息资源在部门间缺少沟通，设备资源管理不足，任务分工不明确，选人不合适，工作分配没有人尽其用、扬长避短，工作协调不好，工作人员无序调配，工作秩序乱等。这些原因很容易导致发生丢失、碰撞或伤人等问题，严重时会引起维修事故。例如，地面收放起落架致使机械员的头部被舱门夹住而受重伤的地面事故，就是由于人员、资源管理不当，工作秩序混乱而引起的维修事故。2018 年 8 月 12 日，某部一架直升机在野外执行吊挂任务。当直升机起吊时，直升机向左倾斜，驾驶员向右扳杆修正感到困难，结果直升机左倾 40 多度并向左侧转了两圈后坠地。其原因是吊挂物的钢索在起吊时绕到左滑橇后端上，造成重心左移，导致直升机坠地。显然是由维修人员安装吊挂与直升机起吊不协调，地面观察人员责任分工不明确，地面与机上人员联络没有预案造成的。

（2）不良的组织行为。如容忍习惯性做法，为维护局部利益隐瞒不报，忽视维修过程中的小差错，管理层与一线维修人员的对立，过分强调惩罚等。

（3）组织过程缺陷。主要是指个人职务升迁和各部门、各专业利益的分配等直接相关的政策安排上存在着缺陷，如个人愿望得不到满足、职务升迁调整存在缺陷、各部门和各专业利益的分配不公、过分强调组织统一集中领导而忽视质量、部门之间的工作任务不平衡等。

4.4.3 实施环节

在实施环节中，需要落实维修工作前的各项准备工作，设备、器材、原材料的准备工作，人员的安排以及项目的监督情况等，充分发挥各级职能部门的管理作用。若一项工作在安排上程序交叉、中断过多，就容易出现问题。例如，2019 年 6 月 19 日，某部军用飞机排除液压泵故障后试车，当发动机转速增至 2 000 r/min 时，发现右液压泵输油单向活门导管接头处漏油，随即停车。发动机停转后，副中队长要求先清洗，不再开车了。机械师违反安全规则，时间环节没有拿捏好，只待发动机停转约 2 分钟，就用洗涤油清洗热态发动机，造成飞机失火，机械师面部两侧和手被烧伤，慌乱中又将洗涤油油桶弄翻，洗涤油溅泼在右机翼和地面上，引起右机翼表面和地面起火，烧坏右襟翼和右机轮及右发动机舱内的部分导管、右起落架支柱上的导管和导线等。这就是由于安排程序出现中断引起的慌乱，造成维修事故。

4.4.4　检验环节

检验是保证飞机维修质量的重要措施之一，不少事故隐患或维修事故的发生就是因为不能严格落实检验制度造成的。例如，2019 年 11 月 18 日，某部某型飞机分队长检查发动机喷嘴进口油滤，因取不出来，就拆下喷嘴取出油滤。安装前，未看喷嘴安装标记，安装后又未检查，结果装反 180°，造成喷嘴向前喷油。开车后发动机冒黑烟，未认真检查，再次启动烧坏发动机，构成维修责任事故。

造成事故的检验环节一般主要表现为以下四个方面：

（1）做完工作后，违章办事，缺少必要的检查、复查。

（2）进行了检验，但深度不够。

（3）以问代检。

（4）检验的方式、时机、部位和内容不科学，导致出差错之前不能预防，出差错后又检查不出来，因而使差错"漏网"，最终可能形成事故隐患。

显然第（1）条是最重要的，上述烧坏发动机的事故案例正是缺少必要的检验环节造成的。

错误的维修管理存在于计划、组织、实施和检验的全过程中。根据 Reason 模型分析得到的结论，导致事故隐患的错误管理如下：

（1）不能识别的危险行为：是指管理层不能认识到一些危险因素，如操作者在生理上或心理上未做好工作准备，工作场所不符合已制定的程序要求等。

（2）没有纠正已知的问题：是指管理层明知设备、工具、训练及其他方面存在一些不安全的因素，但任由其存在而不修正。

（3）管理不到位：主要是指管理质量和数量的欠缺，如对维修中必要的工具、设备、材料、人员等支持不够，不能给予适当的培训，缺少监管或监管过多，安排的工作负荷过重，在重要或易出错的部位缺少文字、数据、符号及特殊标志等提示信息，安全教育不及时到位等。

（4）管理性冲突：是指管理层有意忽视程序和其他操作规程的行为，如允许使用未经批准的程序，安排不合格的人员执行某项任务，甚至有意让操作员违反规章或程序等。

（5）管理制度漏洞多：制定的规章制度本身不合理，维修程序不科学，维修检查项目措施不全面和不明确，也容易导致产生事故隐患。

1. 用思维导图的方式说明航空维修差错主要是由哪几个方面的因素相互影响、相互作用的结果？

2. 分组讨论航空维修差错维修人员、航空装备、维修环境、组织管理等因素主要表现在哪几个方面？

【延伸阅读】

培养优秀的民航维修作风

航空器维修工作是保障民航飞行安全和发展的基础性工作，维修行业也是民航业中少数难以被自动化取代的劳动和技术密集型行业。科技的发展虽有助于降低一些维修工作的难度，提高工作效率，但人的表现依然在航空器维修工作中起关键决定性作用，即通常所说的"维修作风"。

不同的发展阶段，维修作风的内涵也不尽相同。历史上，中国民航就是从维修老旧飞机开始起步，以当时的工作条件和技术手段，主要依靠的就是"吃苦耐劳、善于钻研"的优秀维修作风，保障中国民航机队能飞起来。中国民航进入快速发展阶段后，工作条件和技术手段有所改善，并初步建立了规章管理制度，保障安全是维修行业的唯一核心任务，维修作风也随之转为以"严谨务实、遵章守纪"为内涵。当前，中国民航运输总量和安全水平都已经进入世界前列，更是以全面推进高质量发展为目标，维修行业也初步形成了专业化分工的格局，既要坚持以保证飞行安全为底线，又要兼顾保障航班正常和降低成本的需求，维修作风则需要进一步转为以"严谨、专业、诚信"为内涵。严谨是民航维修工作的基本特点和要求；专业是指以具备专业资质为基础，明确专业角色；诚信则是维修行业必须遵守的底线。

一、维修人员基本行为规范

基本行为规范是维修人员工作作风的重要组成部分，要从基础和细节做起，切实做到以下3个方面：

（一）仪容得体

工作期间按照本单位的具体规定，着装规范、仪容整洁。

（二）举止文明

工作时举止文明，正确使用劳动保护用品，保持工作现场整洁。

（三）纪律严明

严格遵守本单位的规章制度。遵守机场、边防、海关、空防等单位的规定。严禁违规饮酒、酒驾、打架斗殴、赌博等行为。不得擅自通过微信、微博等网络媒体传播敏感信息。

二、维修人员安全意识要求

为全面提升维修人员的安全意识，机务维修人员要牢固树立规章意识、风险意识、举手意识和红线意识。

（一）规章意识

规章意识是底线，是基础。要严格遵守法律、法规及公司手册、维修规范要求；抵制违反规章，不按照公司手册程序工作，不使用工作单卡，不执行工卡步骤，不正确使用工具，使用未经批准的航材、耗材等行为。

（二）风险意识

风险意识是手段，用于防范工作中的风险。工作前了解已知风险、主动识别风险、评估未知风险；工作中控制已知风险、规避新增风险；工作后总结新增风险、补充风险措施。坚决抵制盲目开工、野蛮操作、复杂及重大工作不进行风险评估或分析、对关键环节无控制措施等情形和行为。

（三）举手意识

举手意识是保证，用于控制异常、困难和隐患。维修工作中遇到异常要举手、遇到困难要举手、发现隐患要举手。坚决抵制工作任务不清时按经验操作、工作条件不具备时盲目施工、意外损伤零部件后自行处理、施工工卡与实际情况不符时将就应付、发现安全隐患事不关己高高挂起等行为。

（四）红线意识

诚信意识是红线，牢固树立失信是高压线不可触碰的理念。坚决抵制未做就签、编造或替人代签维修记录、各类申请材料造假、发生不安全事件后隐瞒不报、破坏现场、伪造证据、掩盖成机械故障等行为，任何人不能指使他人从事违反诚信的行为。

三、维修人员现场工作守则

维修人员现场工作要落实好准备、施工、测试、收尾和交接"五个到位"。

（一）准备到位

1.资料文件

资料文件至少包含工作现场必需的技术手册或工卡。开工前现场负责人/维修人员要先阅读资料文件，掌握相关工作内容。

2.工具设备

按照工卡要求准备符合标准/规格的工具设备及警告牌、跳开关夹、防护设备等。做到现场工具专人负责，摆放合理，清点到位。

3.航材耗品

现场维修工作开展前领出的航、耗材外表完好，规格正确，标识清楚，时寿在有效期内，件号/软件版本适用性正确。确保各类航、耗材齐备，现场器材摆放整齐，保护措施到位等。

4. 梯架设施

工作前确认梯架合适可用，推行前要确认梯架的防撞胶条和制动机构情况良好等；梯架需按照规定路线行进，正确设置刹车或制动；接近/撤离工作部位前要确认推行路线与飞机外表面的接近情况；摆放梯架时，要注意规避可能因上客、加油、顶升等导致飞机位移变化或舵面动作造成的碰擦及人员受伤。

5. 人员资质

人员资质、数量、专业配置要符合工作要求，尤其是从事飞机顶升、发动机试大车、应急设备更换等重大或特殊工作时，需要确保人员具备相关资质及能力。

6. 现场组织

重点关注多区域、多工种施工时的相互影响，有情境意识，合理安排工序。同一区域有多人工作时，要指定现场负责人。对于关键环节、重大工作或保障、特殊气象条件等情况，根据单位特点视情安排相应干部在场组织。应急情况要有预案。

7. 风险提示

关注 Warning、Caution 等风险提示信息，复杂或危险性较高工作开工前要进行重点、难点、风险点评估，并根据评估情况进行有效提示。

（二）施工到位

施工前要进行工作现场和工作条件确认，视情组织现场班组会，具体施工过程包括检查、拆装、测量 3 个环节，保证人员、飞机、设备的安全。

检查时该必检的必检；该清洁的清洁；该借助工具的借助工具；该"详细目视检查"的不能"一般目视检查"；做到眼（看）到、手（摸）到、听到；检查过程要精力到位，关注关键点，按工卡顺序实施，避免漏检。

拆装时读懂工卡，按标准工艺实施；做好人员保护，穿戴好安全带、护目镜、手套等；做好工作区域防护，避免盖板、部件脱落造成飞机、人员损伤，避免螺钉、工具等落入飞机狭小区域；避免野蛮操作造成飞机部件或设备损伤；正确使用专用和计量工具。

测量时正确使用量具，按工卡要求实施，及时做好记录和标识，不允许工作整体做完后凭印象补记数据。

针对航线维修工作，按照工作单卡要求的路线或步骤逐项实施检查；工作中使用正确的梯架或工具；光线不足时使用手电检查；完成勤务工作（加油、气、水、电等）后确认口盖盖好；确认所有工具、设备、航材清点齐全；正确按照 MEL（最低设备清单）、CDL（构型缺损清单）等处置（包括 M 项实施和恢复）并做好记录；做好安全销、夹板、空速管套等红飘带的定期维护和更换；起飞前要重点关注销子、套子、堵头、夹板等已全部取下清点并按要求交接。

（三）测试到位

测试工作的人员资质、设施设备（包括软件版本）、工卡等符合要求；测试工作（如发动机试车、收放反推、各类舵面动作等）前要进行周围环境、飞机状态的完整检查；要依据工卡、程序要求完整实施测试工作；如实记录测试数据；做好结果报告等。对于测试中遇到的突发情况、使用困难（设备不熟练、测试不通过等）或等效情况要正确处置。

（四）收尾到位

收尾过程做好作业区域整理清洁，落实工具三清点。对关键项目按要求执行互检，确保构型恢复正常，维修记录签署完整，设施设备归还到位。

（五）交接到位

建立和落实交接管控制度。做到交接信息准确、过程受控，要进行结果确认并形成闭环；关键步骤（如打力矩等）不允许交接；外部盖板等容易造成遗漏或检查困难的部件，不允许部分安装后交接。

航空维修差错管理

【学习目标】

【知识目标】

（1）掌握航空维修差错管理原则。

（2）理解航空维修"十二条陷阱"不良行为的表现和安全措施。

【技能目标】

（1）深刻领悟"严谨、专业、诚信"的航空维修作风。

（2）会运用航空维修差错管理原则进行差错管理。

（3）能通过航空维修"十二条陷阱"不良行为，做好航空维修的安全预防措施。

【素质目标】

（1）传承夏北浩精神，争做航空维修"机务尖兵"。

（2）养成"严谨、专业、诚信"的航空维修作风。

5.1　人为差错管理原则

【情境导入】

2019 年 12 月 23 日，某单位一架米 –17 直升机在本场飞行训练时，一次着陆过程中，在 10~15 m 高度时，突然左转，右机轮撞击地面，旋翼打地，直升机左倾翻倒，直升机报废，1 名飞行员牺牲，2 名空勤人员受伤，造成一等飞行事故。事故调查组发现该直升机在某工厂大修时，工作人员对尾轴进行分解检查，在装配尾轴时，将第八节后端两个相邻凹槽内的密封胶圈装入同一个凹槽，使密封胶圈密封作用减弱，润滑油泄漏。尾轴套齿在无润滑油的状态下磨损，从安装座中脱出，造成尾桨传动失效，直升机在着陆时翻倒。那么对这起航空维修差错责任人该如何进行处罚？对这起航空维修差错该如何进行正确管理？差错管理要遵循哪些原则？

【知识学习】

目前的航空维修差错管理技术是从 70 多年前的商用航空中发展起来的，很大一部分技术是为了防止事故征候和事故重复发生所驱动的。虽然证实是有价值的，但也有以下局限性：

（1）仅关注显性失效（谁搞错了？）而不关注隐性状况（为什么搞错？）；

（2）仅针对个人采取措施（培训、处罚、警告和标准操作程序）防止差错发生而不是采取系统方案；

（3）倾向于解决已经发生的不安全问题（被动的）而不是事先预防不安全事件的发生（主动的）；

（4）过于相信责备和培训的作用；

（5）责任追究方法不科学等。

所有的管理实质上都依赖于 Earl Wiener 的 4 "P" 理论：原则（Philosophy）、政策（Policy）、程序（Procedure）和实践（Practices）。在差错管理中，原则的价值最为重要。没有一套统一的指导原则，就起不到好的预防航空维修差错的作用。差错管理应该遵从以下原则。

5.1.1 科学对待差错

维修差错管理原则
（微课）

差错是一种客观现象，人为差错不是道德问题。它的后果可能是令人感到不快甚至极具破坏性，但它的发生就像呼吸与睡眠一样，是人类生活中不可或缺的一部分。人的易错性可以减轻，但永远也不可能消除。

1. 打破责备怪圈

虽然差错是由人的本性所决定的，要指望一个人从不犯错误是绝对不可能的。然而，由于受传统观念的影响和制约，我们通常对这个天性感到非常遗憾并且总是错误地认为它是消极的，体现了弱点和失败。当我们听到某人犯了差错，我们倾向于归咎于某些负面的词汇，如愚蠢、懒惰、不小心等。我们经常会说，"这人如此笨，犯这种愚蠢的错误。"

为什么我们如此倾向于责备人自身而不是责备情境（与人相关的外部因素）呢？其答案有两个。第一是心理学家所谓的基本归因差错。当我们看到或听到某人工作不够好，我们倾向于将原因归结于这人的负面特性，如懒惰、不仔细、没能力等。但是，当问操作人员为什么这样做时，他会肯定地告诉你，环境或系统因素如何迫使他这样做。当然，依据SHEL模型可以知道，真实的原因可能是两者都有。第二是与自由的幻想有关。我们假定人是行为的控制者，能在正确的和错误的行动路线中做出选择。正是这种幻想，驱动了责备怪圈，对于他人所犯的差错，被看作一种选择的结果，认为有故意的成分，因此应该遭到责备。在受到责备之后，还重复发生此类差错，理所当然更应该受到责备，因为他们似乎是蓄意、无视警告和不服从制裁。如此这样，责备循环下去，形成了责备怪圈。通常责备包括警告、处罚、教导"工作要仔细"等。但是实际上人们的行动自由仅仅是幻想。所有成年人的行为在某种程度上都受到自己不能够控制的当地环境（例如，人们普遍存在从众和服从权威心理，这些又与文化有关）的限制。

2. 差错本质上并不是坏事

事物总是包含两个方面，人为差错也不例外。人为差错不好的一面是它有可能造成不良后果，甚至导致事故，造成人员伤亡和财产的损失。而差错的另一面十分有用而且能够预防，差错也能帮助我们走向成功。我们可以通过对人为差错的研究来增进飞行安全。没有差错我们就无法学习并获得有效安全工作所必需的技能。正如James Reason博士所讲的：差错和智能是同一枚硬币的两面。差错不只是为智能所付出的代价，而是我们智能的一部分，并且成为保证可靠性的基础。差错能让我们"吃一堑，长一智"。

例如，航空器经历了100年的发展，已经具有非常高的安全性和可靠性。可以说航空器的每次进步可能都是一次血的教训换来的。为防止此类事件的重复发生，对于航空器每次较为严重的机械失效都会进行深入的调查，并以法律文本的形式（修改适航标准）加以落实，从而预防同样的失效再次发生。

3. 以科学的方式对待差错

在民用航空中，差错曾一度是被"禁止"的。我们常常毫无道理地期望那些工作在生产第一线的人有完美的表现。一旦发生差错，他们总是暴露在大众的谴责之下。在此偏见驱使下，为了避免被追究责任和处罚，人们对差错往往采取回避态度，不敢把发生差错的真正原因和真实过程讲出来，甚至采取隐瞒不报或大事化小、小事化了的办法。

其后果是虽然差错发生了，而我们不知道真正的原因是什么，也就无法采取有针对性的措施来预防差错的重复发生。因此，我们应该尽可能消除人的感情因素和法律、道义上的"谴责"和"责任"，改变将人为差错看成一种纯粹失败的思维方式，采用一种更全面、更有说服力的态度来对待人为差错。我们承认犯错误是人的天性，对差错采取正确态度，鼓励人们报告差错并采取积极的预防措施，这样才能防止差错的重复发生。

目前，中国民航局已经建立了强制信息报告系统和自愿信息报告系统来收集系统安全信息。所谓强制信息报告系统，是对飞行事故、地面航空事故和事故征候要求强制报告。自愿信息报告系统则是针对航空运行中存在的大量不安全事件、运行差错或运行危险源进行自愿报告。通过鼓励维修人员报告发生在自己工作中的差错、危险源而提醒、帮助其他可能受到同样安全威胁的同行，将工作中的差错转化为对集体、团队和组织的贡献。为了消除报告人担心遭受处罚的心理，必须制定明确的政策来鼓励和保护报告人，提高自愿报告的积极性。

5.1.2　采用系统方法来管理差错

当我们看到或听到同事犯错（如维修中没有正确安装零部件、工具遗忘在发动机中等差错）时，我们通常的反应是奇怪，做出这种有重大安全事件的人是多么愚蠢、不仔细、不计后果。我们自然的倾向是找到操作人员并寻求他头脑中的原因（操作人员想得到怎样的结果）和直接避免这种差错行为（操作人员不会做）的措施。通常是指导有问题的操作人员采取补救措施，或处罚他们，或警告他们，或培训他们，或编写补充的程序规范他们的行为。很不幸，这些方法价值非常有限。理由是差错并不是操作人员的大脑独立失灵时发生的，它还与现场因素有关，甚至与组织因素有关。这就是前面讲到的组织事故（事故致因 Reason 模型）：差错是在系统中发生的，对待差错要采用系统方案。如果能够理解这些系统因素（组织因素和现场因素）的重要性，就会将大脑出错作为一个整体来思考。

1. 差错是结果，不是原因

在一起严重事件之后，人们自然会倾向于追查是谁做错了，并称之为原因。但是根据前面讲到的 Reason 模型，差错事件是由显性失效和隐性状况共同作用发生的。操作人员是处于系统界面的末端，他们并非事故的策动者，而是"已等待中的事故"的承受者。因此，找到发生差错的操作人员只是原因调查的开始而非结束。而且事故调查的目的不是追究责任、分摊过失；而是防止同样差错的再次发生。因此，调查的首要目的应是找到系统的缺陷，加强系统的防御。从这一点来看，应该将差错视为结果而非原因。

2. 有效的差错管理在于系统地改进

人们总倾向于将注意力集中在发生差错的人身上，并努力确保该事件不会再次发生。然而设法阻止个人差错的再发生，无异于是在打蚊子。打死一只蚊子，其他的蚊子还会来叮咬。解决蚊子问题的唯一方法是将它们赖于繁殖的湿地抽干。不安全的活动在坏设备、恶劣工作条件、商业和运行的压力等"湿地"中繁殖（图 5-1）。系统的整体改进必须是一个连贯的过程，包括对人们的工作条件进行改造，增强并扩大系统的防御能力等。

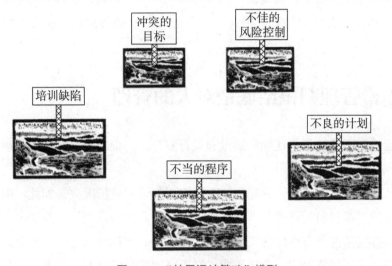

图 5-1 "蚊子湿地繁殖"模型

5.1.3 差错管理是管理可管理的事务

差错管理的关键是以有限的资源来纠正和改进绝大多数可以改进的事情。简而言之，这意味着差错管理是管理可管理的事务。差错管理中最常见的错误是想要竭力控制不可控的因素。

与一个差错直接相关的精神状态（如急切、分心、遗忘等）是一系列致因因素中最持续和最难管理的因素。而任务的性质、工具的质量、工作现场的条件、组织机构等要比不可避免的、不可预测的、短暂的精神状态因素更容易被管理。我们不能改变人的状况，因为人都有瞬间的注意和记忆失效的倾向；我们不能停止有家庭烦恼的人的工作；也不能防止工作被中断或工作被分心。我们没有"魔方"来确保操作人员永远地保持警惕，或总能及时地唤起他们的警惕。但是使操作人员有技能、有经验、受到良好激励，改善工作情境和组织比改善操作人员的状况更容易。针对人为差错问题，措施应该重点放在技术、程序和组织等系统因素上，而非针对操作人员的精神因素。

5.1.4 优秀的人可能会犯更大的差错

人们普遍认为大部分差错是少数能力差的人造成的。若是如此，差错的解决就相对容易了。我们可以找到易犯差错的人并对其进行培训，或者让他离开危险工作。但是不安全行为经常是由于情境和任务具有差错倾向，而不是由于人有差错倾向所导致的。大量的统计数据表明，严重事故经常是由那些有着丰富工作经验并且长期以来无不良记录的人导致的，犯差错的维修人员都是优秀的、称职的维修人员。人都会出现差错，无人可免。而且，优秀的人往往担负更重大的责任；优秀的人工作压力更大，更容易处于疲劳之中；优秀的人干的工作往往会疏于检查，因此，优秀的人的差错通常更可能对系统造成严重的影响。

5.1.5 差错管理归根结底是对人的管理

差错管理的根本目的是保证维修质量和飞行安全，归根结底是对人的管理，使人的差错发生得最少，差错的后果最小。

人们常认为差错管理就是让易犯错的人做得更好。实际情况应是如此，但事实并非如此。差错管理的首要目的是使那些训练有素、积极进取的人们变得更为杰出。在任何专业活动中，完美都包括两个方面的含义，即技术技能及心智技能。这两个方面都要通过培训和实践来获得。多项研究表明，心智技能相对于必要的技术技能，其重要性只会高而不会低。心智技能由很多部分构成，其中最重要的是心理准备。优秀的工作人员会定期在心里演练对各种情况的反应，以此方式让自己在面临那些潜在的挑战性工作时能有所准备。

5.1.6 重点解决重复发生的差错

差错可能源于各种情况特定的组合，也可能源于反复出现的工作状况。前者是随机差错，就是说差错的发生很难预测；而后者是系统性或重复性差错。大量的航空维修差错都有过先例而且往往多次发生。例如，在航空维修工作中，重新组装的过程中经常会导致遗漏步骤或完成安装后未拆下不需要的部件这样的差错。将这些重复发生的差错类型锁定为解决的目标，是利用有限的资源进行差错管理的最有效方法。

5.2 航空维修不良行为管理

【情境导入】

1989 年 3 月 10 日，安大略航空公司一架编号为 C-FONF 的福克 F-28 飞机执飞桑德贝至温尼伯航班（1363 号班机）。该航班经停德莱登，在起飞时由于机翼结冰导致失速坠毁，造成全机 24 人死亡，45 人受伤。

空难调查结果显示，该航班的辅助动力装置（APU）因故障保留，且德莱登机场又没有地面气源设备，因此飞机发动机不能关闭。所以，加油时采用热加油（加油时一台发动机关闭，一台发动机保持运转）。当时天气下着小雪和冻雨，机长不能对机翼进行除冰，因为安大略航空公司规定，发动机运转时，不能进行除冰操作，理由是除冰剂蒸气有毒，（除冰剂蒸气）会被发动机吸入并通过空调系统进入飞机客座舱，对乘客造成伤害。

设计资料表明，福克 F-28 型飞机的机翼可能会因为翼面上的少量冰雪而造成失速。当时气温很低，油箱内燃油温度很低（约－40 ℃），导致机翼金属表面温度也很低（此现象称为油箱的"冷浸"），冻雨落在机翼表面即会结成冰。福克 F-28 飞机自身防冰系统只能对机翼前缘进行防冰，不能除去机翼表面的冰。该航班在第一段航程已经出现延误，在该航段加油后，公司签派调度又安排 10 名旅客登机，造成飞机超重，机组人员不得不卸掉部分燃油，这导致航班延误进一步加剧。

当时安大略航空公司处于发展上升期，期望在新引入 F-28 飞机上获得更多的利润，并希望能够尽可能地降低成本。如果机长决定对机翼进行除冰，必须等从其他机场运来地面气源车，但这将导致航班延误更长时间，公司将不得不为旅客安排食宿。当机长在电话中协商此事时，公司要求机长自己想解决办法。最终机长判断当时下雪很小（机长早期得到的气象信息是小雪，但后来已经出现冻雨），起飞气流应该能把机翼上的雪吹除，决定起飞。

飞机拉起后失速，撞入跑道前面的树林而坠毁。针对德莱登空难发生的原因，调查委员会提出 192 项建议，以避免同样事故再次发生。虽然该起空难与维修人员没有直接关系，但也引起加拿大运输部对航空维修人为因素的重视。

1993 年，加拿大运输部聘请 Gordon Dupont 教授作为特殊项目协调员，开发《维修中人的表现》（Human Performance in Maintenance）课程。1994 年，Gordon Dupont 研究团队成功识别出在航空维修中，最容易导致航空维修人员出现失误并最终导致维修差错的 12 条因素，并绘制了 12 幅宣传画。

人为因素 12 条
陷阱起源（微课）

Gordon Dupont 在 1994 年举办的首届维修人为表现专题研讨会上向业界展示了他们的研究成果，得到普遍认可，这 12 条因素被称为"Dirty Dozen"，国内一般翻译为"人为因素 12 条""人为因素 12 陷阱"，也可直接翻译为"一打垃圾"，加上相应的预防措施可称为人为差错预防的 12 种模式。

【知识学习】

航空维修不良行为（人为因素 12 条）包括沟通不良、骄傲自满、缺乏专业知识、分心、缺乏团队合作、疲劳、资源不足、时间压力、缺乏主见、紧张压力、缺乏警觉、不良的惯例。

通过对航空维修不良行为的管理，维修人员应能识别潜藏在自己周围的安全陷阱，并且针对每个安全陷阱，尝试为自己、为同事搭建安全防护网，避免事故或维修差错在自己和周边的人身上发生。现在很多航空公司、维修单位都将"Dirty Dozen"的宣传画（有些单位采用原版宣传画，有些单位选择自己设计宣传画）张贴在办公室、维修车间，随时提醒员工在工作中能够对这些航空维修不良行为加以防范，自觉主动避免差错。以下逐条介绍"人为因素 12 条"的内容和每条的安全防护措施。

1. 沟通不良

沟通不良是指缺乏清楚的、直接的陈述并且缺乏良好的积极的倾听技巧。航空维修差错的原因中经常能够发现沟通不良的问题，因此应该引起维修人员的高度重视。

沟通不良（动画）

要把由于缺乏沟通而产生的差错减少到最低，推荐的安全措施如下：

（1）与交接班人员讨论已经完成以及需要完成的工作；

（2）在交流过程中，不能不假设任何事情；

（3）使用记录本、工作单进行工作交接以消除疑问；

（4）使用文字交流时，采用简单、清晰、简洁的语言，保证阅读的人能够正确理解。

2. 骄傲自满

骄傲自满是由于自我满足而缺乏风险情境意识。飞机维修具有大量的重复性工作，自满经常会成为一项潜在的风险，应该引起维修人员的重视。人一旦变得自满，对工作的压力和重要感就会减少，出现错误的可能性就会增加。自满经常与期望联系在一起。我们总是看到自己期望的东西，而不是实际存在的东西。如果这时存在其他的因素，如疲劳、缺乏资源或压力，那么出现错误的机会变得更多。

骄傲自满（动画）

骄傲自满（微课）

要把骄傲自满产生的差错降到最低，推荐的安全措施如下：

（1）通过"这次我会查到故障"进行自我训练，期望在执行任务时能查到故障；

（2）工作时，正确使用检查单（工作做完一项，签署一项）；

（3）对于没有完成的工作，绝不能签字；

（4）不要依靠记忆工作；

（5）从其他人的错误中学习经验教训。

3. 缺乏专业知识

专业知识通常包括技术技能、技术知识、飞机专业知识及工作程序等方面的知识。

维修人员可以从工作中获得专业知识，也可以通过培训获得。专业知识是正确完成维修任务所必须具备的。

要把由于缺乏专业知识而产生的差错降到最低，推荐的安全防范措施如下：

（1）接受针对所从事工作的相关训练；

（2）确保工作中适用的手册和程序是最新修订的；

（3）在工作开始前，先将程序阅读一遍；

（4）如果工作中发现与以往不同，要查明原因；

（5）如果存在疑问，可以询问技术代表或其他知道的人。

缺乏专业知识
（微课）

4. 分心

分心是指心理或情感方面的混乱或干扰。在维修过程中，分心是难以避免的。分心虽然是很普遍的事情，但是如果它发生在某项工作的关键阶段，就可能引发灾难性的后果。心理学家认为，分心是造成遗忘的第一原因。与骄傲自满一样，如果这时同时存在其他的因素（如疲劳、压力），那么出差错的可能性会大大增加。

要把由于分心产生的差错减少到最低，推荐的安全防范措施如下：

（1）工作时，使用详细的检查单；

（2）对没有完成的工作，要做好标记；

（3）离开前要么把工作完成，要么保持接头断开；

（4）尽可能使用熔丝或上紧力矩；

（5）返回重新工作时，从离开时的前三个步骤开始；

分心（微课）

（6）完成的工作，由自己或别人再检查一遍。

5. 缺乏团队合作

缺乏团队合作是指团队缺乏为达到共同目标而一起合作。团队合作对于安全高效地完成维修任务十分重要。

要把由于缺乏团队合作而产生的差错减少到最低，推荐的安全防范措施如下：

（1）通过对工作进行讨论，确保团队成员对工作有统一的认识；

（2）确定统一的目标，并且每个人都愿意共同实现该目标；

缺乏团队合作
（微课）

（3）尊重所有同事和他们的意见。

6. 疲劳

疲劳是由于长时间工作或没有得到良好的休息等因素使人精神虚弱，暂时丧失反应能力。疲劳经常是维修人员出现差错的原因之一，应该引起维修人员的重视。

要把由于疲劳产生的差错降到最低，推荐的安全防范措施如下：

（1）对各种疲劳征候要有警觉，并注意自己和同事的疲劳征候；

（2）避免在生物节律处于最低点时从事复杂的工作；

（3）养成规律的睡眠及运动；

（4）当感觉疲劳时，让别人检查所完成的工作。

疲劳（动画）　　　　疲劳（微课）

7. 资源不足

资源是指完成工作所需使用的工具、设备、信息和程序等。资源的不足或使用不当是许多事故发生的原因之一。航空人员总是会遇到在资源不充足的情况下设法勉强地完成工作，这就导致了差错和违规。

资源不足（微课）

要把由于资源缺乏或使用不当而产生的差错降到最低，推荐的安全防范措施如下：

（1）如果认为缺乏该资源会降低安全性，则必须获取该资源；

（2）保持一定的标准，即使有导致飞机停场的可能；

（3）提前订购、储存预期要使用的备件，知道所用、可用备件的渠道，安排共享或租借事宜；

（4）使用风险管理工具，评估万一出现故障的最坏后果。

8. 时间压力

时间压力是指不考虑反面因素去敦促某件事情，而制造危机感或紧迫感。要完成某项工作的时间压力通常会成为激发我们去做这项工作的部分动力，这是人的天性。有时时间压力来自我们自己。即使我们有两周时间去完成一项只需两小时的工作，我们通常会拖到最后时间才去做。原因很简单，因为直到最后时间，压力才会变得足够强大，迫使我们去完成工作。你的领导也许会要求"换班前就要完成这项工作"。但是如果规定的时限不合理，而你又没有提出异议，那么更多责任是你而不是你的领导。

要把由于时间压力而产生的差错降到最低，推荐的安全措施防范如下：

（1）确定时间压力不是自己引起的；

（2）把所担忧的事情清晰地表达出来；

（3）请求额外的帮助；

时间压力（微课）

（4）超过工作负荷时勇于说"不"。

9. 缺乏主见

缺乏主见是指缺乏主动、积极地陈述个人的想法、愿望和需要，并且遇到挑战时没有陈述和坚持个人的立场。心理学家把人的行为方式分为两类或其两类的组合：一类是关系型，这一类型的人很看重他人的意见，他人的意见在决策过程中起重要作用；另一类是工作型，这一类型的人最先考虑的是工作或目的本身，其次考虑的才是他人意见。

缺乏主见（微课）

（1）偏向于关系型行为的人被认为是小心谨慎型。对这类人而言，提高其他人的认可是最重要的。

（2）偏向于工作型行为的人被认为是主动型。对这类人而言，取得成就达到目的是最重要的。

（3）既不偏向于关系型也不偏向于工作型行为的人被认为是自主自律型。对这类人而言，获得自信、自我满足是最重要的。

（4）既偏向于关系型也偏向于工作型行为的人被认为是果断型。这类人具有很强的工作倾向，同时，又极大程度地关心周围的人际关系。很显然，行为果断型是最理想的类型，是我们应该努力去达到的。

要把缺乏主见的差错降到最低，推荐的安全防范措施如下：

（1）明确工作标准，并拒绝在标准上妥协；

（2）如果涉及安全，必须坚持立场；

（3）对于非关键问题，可将其记录在工作日志上，并申明自己的立场；

（4）不是自己的工作，不要签字（维修签字意味着责任，签字比金子还宝贵）。

10. 紧张压力

紧张压力是由于某种压力源而导致的心理上和有时身体上的状态。压力源可能是短期存在的，也可能是长期存在的。例如，短期压力源可以是必须尽快完成的一项维修工作，一旦工作完成，压力就不存在了。长期压力源包括离婚和人事关系问题。无论是短期压力和长期压力，都会影响人的工作和生活表现，必须妥善处理好。不同的人承受压力的能力是不同的，也会出现不同的压力征兆。

要把由于紧张压力而产生的差错降到最低，推荐的安全防范措施如下：

（1）要知道紧张压力对工作的影响；

（2）停下来，理性地分析当前问题；

（3）制订一份合理的计划，并执行；

（4）休假或至少休息一会儿，远离压力源；

（5）与别人讨论；

（6）请同事监督、检查你的工作；

紧张压力（微课）

（7）适度进行有规律的体育锻炼。

11. 缺乏警觉

缺乏警觉也称为缺乏情境意识，即不能及时和正确地预测某些行为或者状态可能产生的不利后果。

要把由于缺乏警觉而产生的差错降到最低，推荐的安全防范措施如下：

缺乏警觉（微课）

（1）想想当意外发生时会发生什么事情；

（2）检查目前的工作程序是否与修订的程序一致；

（3）征询他人意见，能否发现此做法是否存在问题。

12. 不良的惯例

不良的惯例（微课）

惯例是指不成文的、默认的有关如何工作的标准和准则。在一个组织机构的每个部门、每个工作区域总存在一些"工作惯例"影响维修人员的所思和所做。有一些惯例风气是良好的，事实上我们也离不开它们。但是有一些惯例风气会影响我们的工作，并且对我们的安全不利。例如，维修人员站在没有围栏的工作梯顶层工作，这种现象很普遍，这就是不良惯例，因为这样做会威胁到个人安全，而且在梯子上也贴有反对这样做的警告牌。导致不良惯例的原因有很多，包括自满、紧张、缺乏资源等因素。这种看似方便和没有危害的"捷径"做法成为惯例后，将成为工作中的陷阱。引进新观念和创新可能能够改进工作，但是，这些新观念应该得到评估，并且确保它们是"好的惯例"，然后被有效地传播，让人从中受益。

要把由于不良惯例而产生的差错降到最低，推荐的安全防范措施如下：

（1）要识别不良惯例；

（2）要保持"习以为常的事不一定是正确的"警觉，远离不良惯例；

（3）永远按照工作程序（程序有问题时，将修订程序并获得批准）实施维修工作。

减少人为差错是每个人的责任，每名航空器维修人员都要在自己的工作中尽量仔细并要对差错保持警惕。航空器维修人员基本上都对自己工作的重要性非常清楚，通常在努力避免损伤和伤害，并保障维修的航空器安全。

5.3 航空维修差错调查方法

【情境导入】

2006 年 10 月 1 日，某公司波音 737-800 型飞机执行航班任务，正常起飞约 30 min 后飞机左侧发动机所有参数异常，自动停车，飞机单台发动机安全备降落地。该机落地后检查，左侧发动机风扇整流罩内有许多燃油漏出。

【知识学习】

航空维修差错发生后，需要一套标准程序进行调查，分析发生差错的根本原因，总结教训，吸取经验，防止差错的再次发生。MEDA 调查方法是一种事后分析技术，它针对的是已发生的差错，用来调查维修差错原因，它是直接基于航空维修复杂环境而开发的，是目前国际研究航空维修差错的重要手段和有效工具。

5.3.1 MEDA 调查方法的由来

为降低民航维修差错发生的概率，2004 年美国波音（Boeing）公司开发了维修差错判断辅助程序（Maintenance Error Decision Aid，MEDA）。

5.3.2 MEDA 调查方法的具体内容

MEDA 调查方法应用时的重点调查内容包括维修资料、维修工具设备、航空器的设计、构造、飞机部附件、工作单卡、工作任务、维修人员的专业知识与技能、维修人员的个人因素、维修厂房设施及环境、组织管理因素、监督检查、沟通协调及其他相关因素等项目。

利用维修差错决断工具检查单，从多方面获取与维修差错相关的数据，客观地、综合地评估可能直接引发或诱发事件的危险源，有利于从系统的、组织的角度，制订防范控制措施，避免此类事件的再次发生。针对不安全事件应从 10 个方面收集数据信息，即信息（法规政策、技术文件等）、工具设备、航空器设计构型及零件、维修工作任务、专业知识技能、个人因素、环境与设施、组织管理因素领导与监督、沟通、协调。

使用 MEDA 调查方法调查的目标就是要在查明导致诱因的同时，又可以降低事件未来再次发生的概率。当航空维修差错或事故发生后，遵循以下步骤进行调查，如图 5-2 所示。

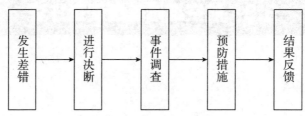

图 5-2　MEDA 调查流程

（1）发生差错。差错发生后，要及时纠正并针对事件进行详细记录，为后续调查做好铺垫。

（2）进行决断。排故后要及时判断此事故是否与维修因素相关。如果有关，需要进一步进行问题调查。

（3）事件调查。利用 MEDA 理念，如果能够明确差错或者事故并非工作者的本意后，就需要与工作者积极探讨事件的可能诱因，去除不可控因素，就是需要研究的重点内容，针对事件进行综合、深入的调查，并将相关数据添加到故障数据库。

（4）预防措施。事件调查结束后，要针对结果找到导致差错发生的诱因，并对其诱因可能性进行排序，最终将对应策略和方法变成规章制度，以降低事件再次发生的概率。

（5）结果反馈。调查结束后工作并没有结束，最重要的反馈步骤必不可少，将行之有效的预防措施通过多种手段反馈给工作者，同时要确保每位工作者的积极参与和遵章守规，这是避免以后再犯差错的关键一步。

维修失误（MEDA）调查表见表 5-1。

表 5-1　维修失误（MEDA）调查表

第一部分　概述	
参照号：_____	调查员姓名：_____
航空公司：_____	调查员电话：_____
失误发生航站：_____	调查日期：_____
机型：_____	事件日期：_____
发动机型号：_____	事件时间：_____
注册号：_____	事件班组：_____
机队号：_____	维修类别 (选择)：_____
ATA 章节：_____	1. 航线维修　　如果是，具体什么工作？
飞机区域：_____	2. 基地维修　　如果是，具体什么工作？
以前相关事件参照号：_____	改进实施日期：____ / ____ / ____

第二部分　事件

请选择事件（所有适用项）

（　　）1. 运营过程事件

  （　　）a. 航班延误（记录时间）__ 天 __ 小时 __ 分钟（　　）

  （　　）b. 航班取消

  （　　）c. 返回停机坪

  （　　）d. 空中停车

  （　　）e. 返航

  （　　）f. 备降

  （　　）g. 烟 / 排气 / 气味事件

  （　　）h. 其他（解释如下）

（　　）2. 飞机损坏事件

（　　）3. 人员受伤事件

（　　）4. 返工（未通过运营测试 / 检查）

（　　）5. 适航性控制

（　　）6. 在维修中发现的事件

（　　）7. 在飞行中发现的事件

（　　）8. 其他事件（解释如下）

说明导致事件的事故征候 / 性能降级 / 失效（如不能增压）

第三部分　维修系统失误

请选择引起事件的维修系统失误：

1. 安装不当

（　　）a. 没有安装设备 / 零件

（　　）b. 被卡住 / 钩住

（　　）c. 反向安装

（　　）d. 位置不合适

（　　）e. 安装工作未完成

（　　）f. 安装了多余的零件

（　　）g. 没有关闭工作盖板

（　　）h. 系统 / 设备没有解锁 / 锁定

（　　）i. 拆卸 / 安装时损坏

（　　）j. 错误连接

（　　）k. 错误调校（控制、门等）

（　　）l. 未用消耗性材料

（　　）m. 使用错误的消耗性材料

（　　）n. 安装了不可用的零件

（　　）o. 其他（解释如下）

2. 勤务不当

（　　）a. 油液不足

（　　）b. 油液过多

（　　）c. 油液型号不对

（　　）d. 未完成所需的勤务

（　　）e. 没有关闭工作盖板

（　　）f. 系统／设备没有解锁／锁定

（　　）g. 其他（解释如下）

3. 修理不当（例如，部件或结构修理）

（　　）a. 不正确的维修

（　　）b. 未批准的维修

（　　）c. 维修工作未完成

（　　）d. 其他（解释如下）

4. 故障隔离／测试／检查错误

（　　）a. 未探测出故障

（　　）b. 未通过故障隔离发现故障

（　　）c. 未通过运营／功能测试发现故障

（　　）d. 未通过检查发现故障

（　　）e. 其他（解释如下）

（　　）f. 系统／设备没有解锁／锁定

（　　）g. 零件检查没有发现故障

（　　）h. 外观检查没有发现故障

（　　）i. 技术记录疏忽

（　　）j. 其他（解释如下）

5. 导致外来物损坏的行为

（　　）a. 外来物落在飞机上／发动机内

（　　）b. 油液过多

（　　）c. 系统落入外来物

（　　）d. 其他（解释如下）

6. 导致飞机／设备损坏的行为

（　　）a. 工具／设备使用不当

（　　）b. 使用有缺陷的工具／设备

（　　）c. 飞机被撞／飞机碰撞了其他设备

（　　）d. 拖／推／驾驶过程中相撞

（　　）e. 火／烟

（　　）f. 其他（解释如下）

7. 导致人员受伤的行为

（　　）a. 滑倒／绊倒／跌倒

（　　）b. 安装了错误的设备／零件

（　　）c. 撞到／被其他设备撞到

（　　）d. 接触危险品

（　　）e. 危险品暴露

（　　）f. 危险热环境暴露（热、冷或湿）

（　　）g. 其他（解释如下）

8. 维修控制错误

（　　）a. 漏掉／耽搁了计划工作

（　　）b. 错误地控制延迟的缺陷

（　　）c. 错误地延迟缺陷

（　　）d. 对适航性数据的理解
（　　）e. 超过适航性指令规定日期
（　　）f. 改装控制
（　　）g. 最低设备清单的理解／应用／去除
（　　）h. 构型控制
（　　）i. 记录控制
（　　）j. 部件挪用控制
（　　）k. 维修信息系统（输入、更新）
（　　）l. 飞机上有时效过期的零件
（　　）m. 工具控制
（　　）n. 维修工作没有正确记录在案
（　　）o. 其他（解释如下）

9. 其他（解释如下）

维修系统失误是否随飞机起航了？（　　）是（　　）否

说明具体的维修失误（例如，自动增压控制器安装位置错误）

第四部分　按时间顺序对事件的总结，包括构成因素
（按需添加页数）

第五部分　改进建议的总结
（按需添加页数）

第六部分　构成因素检查单

不适用 __

A. 信息（如工作卡、维修手册、服务通告、维修提示、非例行维修、IPC 等）

__1. 无法理解　　　　　　　　　　　__6. 错误地修改制造厂家的 MM/SB

__2. 没有信息 / 很难得到　　　　　　__7. 信息未被使用

__3. 信息错误　　　　　　　　　　　__8. 信息不足

__4. 信息太多 / 相互矛盾　　　　　　__9. 没有控制的信息

__5. 改版过程太长 / 太复杂　　　　　__10. 其他（解释如下）

详细描述所选的信息类的构成因素是如何导致系统失误的。

对以上所列出构成因素的纠正建议。

不适用 __

B. 地面支援设备 / 工具 / 安全设备

__1. 不安全　　　　　　　　　　　　__9. 太复杂

__2. 不可靠　　　　　　　　　　　　__10. 标签不对

__3. 控制或显示的布局不合理　　　　__11. 未使用

__4. 校验错误　　　　　　　　　　　__12. 未正确使用

__5. 没有　　　　　　　　　　　　　__13. 很难得到

__6. 不适合所从事的工作　　　　　　__14. 校检过期

__7. 不能用于预期的环境　　　　　　__15. 其他（解释如下）

__8. 没有说明

详细描述所选的地面支援设备 / 工具 / 安全设备类的构成因素是如何导致失误的。

对以上所列出构成因素的纠正建议。

不适用 __

C. 飞机设计 / 构型 / 零件 / 设备 / 消耗品

__1. 复杂

__2. 无法接近 / 很难得到

__3. 飞机的构型差别

__4. 没有零件

__5. 零件 / 设备标签不正确

__6. 容易安装错误

__7. 未使用

__8. 不容易使用

__9. 没有消耗品

__10. 使用错误的消耗品

__11. 使用过期的消耗品

__12. 其他（解释如下）

详细描述所选的飞机设计 / 构型 / 零件 / 设备 / 消耗品类的构成因素是如何导致失误的。

对以上所列出构成因素的纠正建议。

不适用 __

D. 工作 / 任务

__1. 重复 / 单调

__2. 复杂 / 困惑

__3. 新任务或任务变更

__4. 与其他类似任务不同

__5. 其他（解释如下）

详细描述所选的工作 / 任务类的构成因素是如何导致失误的。

对以上所列出构成因素的纠正建议。

不适用 __

E. 技术知识 / 技能

__1. 专业技能   __6. 英语语言水平

__2. 任务知识   __7. 团队技能

__3. 任务计划   __8. 计算机技能

__4. 航空公司的程序知识   __9. 其他（解释如下）

__5. 飞机系统知识

详细描述所选的技术知识 / 技能类的构成因素是如何导致失误的。

对以上所列出构成因素的纠正建议。

不适用 __

F. 个人因素

__1. 健康（包括听力和视力）   __9. 遗忘（忘记）

__2. 疲劳   __10. 视觉感知

__3. 时间限制   __11. 自信

__4. 同事的压力   __12. 压力

__5. 骄傲自满   __13. 事态认知

__6. 体型大小 / 力量   __14. 工作 / 任务饱和

__7. 个人情况（如家庭问题、车祸） __15. 其他（解释如下）

__8. 工作现场干扰 / 打断

详细描述所选的个人因素是如何导致失误的。

对以上所列出构成因素的纠正建议。

不适用 __

G. 环境 / 设施

__1. 噪声太大　　　　　　　　　　　__10. 清洁

__2. 炎热　　　　　　　　　　　　　__11. 危险 / 有毒物质

__3. 寒冷　　　　　　　　　　　　　__12. 电源

__4. 潮湿　　　　　　　　　　　　　__13. 通风不良

__5. 下雨　　　　　　　　　　　　　__14. 标示

__6. 下雪　　　　　　　　　　　　　__15. 标签 / 铭牌 / 指示

__7. 照明　　　　　　　　　　　　　__16. 狭小空间

__8. 刮风　　　　　　　　　　　　　__17. 其他（解释如下）

__9. 振动

详细描述所选的环境 / 设施类的因素是如何导致失误的。

对以上列出构成因素的纠正建议。

不适用 __

H. 组织因素

__1. 技术支援的质量（如工程、计划、技术出版部）　　__7. 未遵守工作程序 / 规章

__2. 公司政策　　　　　　　　　　　　　　　　　　　__8. 工作程序 / 规章未记录在案

__3. 人手不够　　　　　　　　　　　　　　　　　　　__9. 工作组惯例（约定俗成的做法）

__4. 公司变更 / 重组　　　　　　　　　　　　　　　__10. 团队建设

__5. 工会活动　　　　　　　　　　　　　　　　　　__11. 其他（解释如下）

__6. 工作程序 / 规章

详细描述所选的组织因素是如何导致失误的。

对以上列出构成因素的纠正建议。

不适用 __

I. 领导 / 监督

__1. 对任务的计划 / 安排   __5. 不确保批准的程序 / 规章得以执行落实

__2. 工作的重点次序   __6. 监督力度

__3. 对任务的委托 / 指派   __7. 其他（解释如下）

__4. 不切实际的态度 / 期望

详细描述所选的领导 / 监督类的因素是如何导致失误的。

对以上列出构成因素的纠正建议。

不适用 __

J. 沟通

__1. 部门之间   __5. 领班和管理层之间

__2. 维修人员之间   __6. 机组和维修人员之间

__3. 班次之间   __7. 其他（解释如下）

__4. 维修人员和领班之间

详细描述所选的沟通因素是如何导致失误的。

对以上列出构成因素的纠正建议。

不适用 __

5.3.3 基于 MEDA 调查方法的航空维修差错案例分析

下面结合国内民航维修单位中所发生的典型案例，使用 MEDA 调查方法对航空维修差错进行案例分析：

（1）事件描述。2006 年 10 月 1 日，某公司波音 737-800 型飞机执行航班任务，正常起飞约 30 min 后飞机左侧发动机所有参数异常，自动停车，飞机单台发动机安全备降落地。该飞机落地后检查，左侧发动机风扇整流罩内有许多燃油漏出。

（2）做出决策。与维修差错有关，可进行 MEDA 调查。

（3）事件调查。2006 年 9 月 30 日，航前发现该飞机左发"发动机活门关断"灯亮，当日航后排除故障，完成发动机燃油调节组件（HMU）的更换工作，按手册要求试车正常。10 月 1 日航班运行时发动机自动停车。飞机落地后调查发现，HMU 底部的 3 个电插头（A、B 通道插头及燃油关断位置电门插头）内有较多的燃油。HMU 本体端盖底部一直有燃油向外渗漏。同时，燃调上的 A、B 通道插座安装座处也向外渗燃油。并且发现与 HMU 一出口处相连的燃油管接头的 4 个连接螺杆中有 2 个螺杆钉头下方有间隙，另外的 2 个正常。经过事件调查发现存在如下问题：

1）违章操作：未按照手册要求施工。发动机的燃油流量传感器进油口与 HMU 之间由 4 个有力矩的螺栓连接，但是由于空间位置的局限性，这 4 个螺栓中有 2 个安装位置不易接近，工作者最终使用普通扳手拧紧，而没有使用力矩扳手磅紧至规定力矩。

2）责任心和安全意识不强：当值检验员也认为该处的 2 个螺栓难以接近，因此，当时并没有及时制止工作者的违章行为，安全意识淡薄；责任心缺失，对重要部位进行工作，没有复查确认，人员、信息准备不到位。

3）手册中对于此处难以接近的安装螺杆，无专用工具说明。

4）手册中要求不严谨：事后调查发现，在大功率试车情况才能测试出渗漏，按照手册进行 HMU 的拆装，更换后试车，但是手册中只有慢车渗漏测试。在更换后的测试中，只进行慢车功率测试，并没有漏油现象。在飞机运行过程中，发动机大功率工作，发生漏油。

5）组织管理不当：系统层面的组织准备缺乏制度支持，当晚更换 HMU 的人员都是第一次更换，没有相关的维修经验，且工作技能不足。

6）油管接头可能存在错位安装：由于油管属于硬管，很容易因为附加应力或空间不足等情况导致在安装过程中安装错位。在错位安装的情况下通常仍然能够保证垫圈 Gasket、管接头和安装底座之间很好的贴合，这样紧密的贴合即使大功率的试车也可能不出现漏油。狭小的检查空间和试车都无法发现错位安装，使这种错位变得非常隐蔽而且危险。发动机在飞行过程中长期的颠簸和振动，导致油管松动，发生漏油。

（4）填写 MEDA 调查表格。按照 MEDA 调查表相关要求填写 MEDA 表格，内容包括概要、事件、维修差错、差错预防策略、影响因素、差错和事件的总结。

（5）纠正措施。应严格按维修手册工作，增强员工按章办事意识，养成良好的工作习惯，工作后做好自查；认真做好复查工作，检验人员认真履行检验职责，建立维修工作数据库，在实施重要工作时，组织有相关经验的维修人员参与工作；制定重要维修工作实施程序，按照生产有准备、施工有程序、工作有标准的原则实施维修工作；加强发动机可靠性管理。

（6）反馈与监督。向相关人员提供反馈，并督察这些信息的落实情况，具体监督措施如下：

1）执行层面：加强监督、检查和考核力度，确保工作者增强责任心、按章作业；

2）规章层面：监督落实手册和工艺缺陷的更新进度，为依法维修打好理论基础；

3）管理层面：提升组织监管和复查力度，增加约束管理强度，将安全关口前移；

4）组织层面：督查落实各部门执行力度，各司其职，确保安全措施的贯彻落实。

通过这些监督措施，可以从维修系统、组织和管理多个层面达到如下效果：明显提升工作者的业务技能和专业素养，从实际操作层面降低维修差错发生的概率，达到了提升安全系数的效果；通过操作层面来倒逼规章制度和工卡工艺的变革，从制度层面打牢安全的理论根基，达到了有法可依、有章可循的效果；明显提升组织管理强度，做到分工合理、职责明确，达到了各项安全管理和差错管理措施持续贯彻落实的效果。

从以上案例可以看出，MEDA 是用于确定维修差错的诱导因素、以人为中心的系统调查方法。不针对维修差错人员个体，而是由此从维修系统、组织和管理等各方面入手，深入分析事件本身，找出可能导致事件发生的诱因，提出相应的改进措施并进行反馈，从而避免今后再次发生类似差错的目的，最终将维修差错的管理变为有效的闭环管理模式。

目前，MEDA 调查方法已经经过实践验证，根据各航空公司反馈的信息来看，采用 MEDA 调查方法后，能够从执行层面、规章制度层面、组织管理和监督落实等层面获取与维修差错相关的数据，通过闭环调查手段，客观、综合地分析出直接引发或诱发事件的危险源，进而有利于从系统层面，制定差错防范控制措施，最终极大地降低了航空维修过程中维修差错和事故发生的概率。

MEDA 调查方法在实际差错管理中的应用与实施，还给航空公司带来了一些其他好处，MDEA 理念实施前后对比：机械原因造成航班延误的比例减少超过 15%；优化了航空维修的工作程序和工作流程；降低了飞机损坏事件的发生概率；丰富了机务维修差错的管理手段。

采用 MEDA 管理理念后，除有效减少维修中人为差错和事故外，还可以改变传统管理手段中事后惩罚的惯性思维。因此，可以说 MEDA 调查方法是目前将人为因素纳入维修系统工程比较成功的解决方案，MEDA 调查方法对于当前航空维修差错管理具有重要的指导和借鉴意义。

5.4 民航航空人员的维修差错管理

【情境导入】

中国民航局航空器维修人为因素研究组根据中国民航的实际情况，总结了民航维修差错调查的经验，吸收了波音公司推荐的维修差错决断方法（MEDA）的适用内容，应用近年国际上预防维修人为差错的最新思想，根据《公共航空运输承运人运行合格审定规则》（CCAR—121FS）、《民用航空器运行适航管理规定》（CCAR—121AA）、《民用航空器维修单位合格审定规则》（CCAR—145）和《民用航空器维修人员执照管理规则》（CCAR—66）等规章中所要求的航空维修人为因素管理要求，制定了适合中国民航航空人员的维修差错管理咨询通告。

那么这个咨询通告里对航空维修差错管理提出了哪些要求？维修调查表有哪些内容？

【知识学习】

5.4.1 航空维修差错管理的基本要求

维修差错是维修人员在工作中经常出现的问题。任何人在工作中，都会犯错误，这是人为表现中的缺陷所造成的。在正常情况下，人是不会故意犯错误的。维修差错的发生是由一系列因素诱发的，包括内因和外因。维修差错发生后，我们既要调查内因，又要调查外因。调查维修差错，就是要找出每一事件的所有诱发因素，有针对性地采取纠正和预防措施。大量事件研究表明，事故都是由系统中已经存在的一系列缺陷和故障相互作用引起的，这些缺陷和故障后果具有延迟性。进一步调查表明，大部分诱发因素是可以通过维修单位的程序加以控制的。在这一方面，决策者的观念、理解和承诺尤其重要。因此，系统和单位的决策层，通过完善程序，健全制度，改进管理，从组织上、系统上采取措施，可以明显减少人为差错、降低差错造成的后果。为达到这一目的，应从平时发生的低级别的事件调查入手，发现系统中的隐患，预防更严重的事件发生。

航空公司的维修差错调查也是一项不断发展、不断完善的工作，航空公司的运行状况与人为表现是随科学技术、组织机构、人员素质、系统和环境状况的变化而改变的，一些问题解决了，新的问题又产生了，又能导致新的事件，还需要进行新的调查。因此，人为差错的管理程序和调查方法也应有新的改进。

为了应用人为因素原理，改进维修管理，深入进行维修差错调查，提高航空安全水平，航空维修人员必须认真学习人为因素的知识，转变观念，提高认识，在维修工作程序和文件中，对与人为差错相关的问题做出规定，这些问题主要包括如下：

（1）设立或指定组织机构，聘任维修差错调查和管理人员。维修差错的管理部门可以单独设立，也可以由安全管理部门或质量控制部门或可靠性部门兼管。

（2）要确定维修差错调查的范围和原则。对事故、事故征候和影响大的差错事件必须进行维修差错调查，一般事件经过评审后确定是否需要调查。为了保证调查质量，各单位都应制定主动报告原则、不处罚和减轻处罚的原则等，要营造一个自愿报告和主动分析差错的氛围，同时，制定维修差错调查和管理程序。

（3）维修差错调查和管理人员，必须经过专门培训，熟悉调查要求；掌握调查程序，按照调查表的要求深入进行事件调查；并填写调查表。对调查分析的原始凭证，应及时取证，妥善保存。

（4）调查材料及其纠正和预防措施，应征求有关部门经理的意见并得到确认；或者在维修单位相应的会议上讨论评估，然后经主管领导批准。讨论中应保护不同意见，鼓励实事求是地进行深入分析，找出维修系统中存在的问题，找出企业文化方面存在的问题。对公司政策和程序方面存在的问题，要及时补充修订。

（5）改进措施的执行。

1）维修差错事件相关部门，应根据调查报告中提出的问题，落实纠正和预防措施；

2）应将维修差错事件的原因和纠正措施等，及时向员工通报，吸取教训，改进工作；

3）将维修差错事件调查报告进行整理，列入人为因素持续培训内容；

4）将调查资料输入人为因素统计数据库，并进行相应的统计分析。

（6）分析规律和闭环管理。

1）每季度或每半年，要对维修差错事件、类型和诱因进行分析，找出本单位存在的规律性问题；

2）每年要进行一次维修差错综合分析和评估，并写出报告；

3）要定期检查和纠正预防措施的执行情况，跟踪监控，直至全部落实；同时，应在调查表的第六部分做简要记录。

5.4.2　维修差错调查分析流程

以前人们在调查分析事故原因时，经常集中在操作者身上，其结果常会掩盖了产生事故的潜在因素；现在，人们已经普遍认识到，事故的发生是由于多种因素造成的，这些因素涉及与人相关的复杂过程，诸如认知、组织能动性、个人差异及这些因素与系统设计之间的相互影响。下述分析流程，将帮助调查者进行全面调查，列出纠正和预防措施，并对这些措施实行闭环控制。

维修差错调查分析流程如图 5-3 所示。

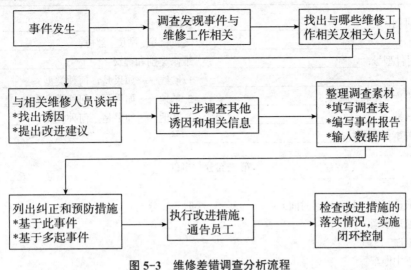

图 5-3　维修差错调查分析流程

5.4.3　维修差错调查表

中国民用航空局维修差错调查表，是由中国民航局航空器维修人为因素研究组研究制订的。该调查表总结了民航维修差错调查的经验，吸收了波音公司推荐的维修差错决断方法的适用内容，体现了近年国际上预防维修人为差错的最新思想。它的原理来自 Reason 模型。但是，它并没有像 Reason 模型那样，按照"决策者错误""基层管理人员缺陷"和"不安全行为的前提"来区分各种因素，而是将它们包括在 13 项诱发因素之中。这样，既能达到查清问题的目的，又可以避免在调查阶段区分责任，防止不必要的麻烦。如果调查主管部门认为有必要用 Reason 模型进行分析，调查材料可以很容易地按模型要求进行整理。因此，应用本调查程序分析，既能涵盖航空维修系统的各种要素，保证调查的全面性，又能帮助找准问题，发现导致差错的主要原因和潜在问题，还能提出预防和纠正措施。

维修差错调查表的设计，考虑了未来的差错分类和统计要求，在形式上尽可能与国外同类调查表一致，为人为因素和重要事件数据库设计与技术交流提供了方便（表 5-2）。

表 5-2　维修差错调查表（R1）

第一部分　概述	
参照号：＿＿＿＿＿＿＿＿＿＿＿＿	调查员姓名：＿＿＿＿＿＿＿＿＿
公司名称：＿＿＿＿＿＿＿＿＿＿＿	调查员电话：＿＿＿＿＿＿＿＿＿
差错发生地点：＿＿＿＿＿＿＿＿＿	调查日期：＿＿＿＿＿＿＿＿＿＿

差错发生时间：_____	ATA 章号：_____
飞机型号：_____	飞机区域 / 站位 / 部位：_____
发动机 / 附件型号：_____	维修类别和等级：_____
注册号：_____	1. 航线——如果是，何种类型？_____
时间发生班次 / 任务 / 地点：_____	2. 基地——如果是，何种类型？_____
事件发生日期：_____	3. 其他——如果是，何种类型？_____
上一次相关事件参照号：_____	

第二部分　事件

请检查事件

（　）航班延误（写明延误时间）：　　天　　小时　　分

（　）航班取消

（　）返航 / 改航

（　）空中停车

（　）空中火警

（　）客舱失密

（　）飞机 / 发动机 / 附件损坏

（　）人员伤亡

（　）返工

（　）其他（解释在下面）

描述导致事件发生的征候 / 性能衰减 / 故障的情况

第三部分　维修差错

请选择维修差错类型

1. 安装不当

（　）a. 未安装所需设备 / 零件

（　）b. 安装了错误的设备 / 零件

（　）c. 方向不对 / 位置不妥

（　）d. 安装未完成

（　）e. 安装了多余部件

（　）f. 接近盖板未关或未关好

（　）g. 未恢复系统 / 设备

（　）h. 损坏

（　）i. 其他

2. 放行前或工作后遗漏

（　）a. 放行前未取下销子、堵头等

（　）b. 勤务盖板未关

（　）c. 检查、校验后未恢复

（　）d. 其他

3. 检查 / 测试 / 故障隔离欠妥

（　）a. 未发现性能下降

（　）b. 未发现潜在故障

（　　）c. 未使系统 / 设备功能恢复 / 停止

（　　）d. 未做适当测试

（　　）e. 未做故障隔离

（　　）f. 未做适当检查

（　　）g. 其他

4. 损坏飞机 / 发动

（　　）a. 移动 / 运输 / 滑行时损坏

（　　）b. 被车辆 / 工件损坏

（　　）c. 操作 / 试验时损坏

（　　）d. 设备使用不当

（　　）e. 使用有故障

（　　）f. 机坪上的碎片

（　　）g. 其他

5. 外来物影响安全

（　　）a. 将物件遗忘在飞机 / 发动机内

（　　）b. 接触性危险

（　　）b. 外物掉入机体

（　　）c. 其他

6. 勤务缺陷

（　　）a. 液 / 气不足或过多

（　　）b. 液体型号不对

（　　）c. 未按需要加注

（　　）d. 除冰（雪）不当

（　　）e. 车辆勤务保障不当

（　　）f. 其他

7. 修理不当

（　　）a. 器材损坏或未正确选用

（　　）b. 修理工艺偏差

（　　）c. 未完成修理

（　　）d. 试验不充分

（　　）e. 工具设备缺陷

（　　）f. 其他

8. 人员受伤

（　　）a. 肌肉僵硬

（　　）c. 滑 / 绊 / 跌倒

（　　）d. 突发的危险

（　　）e. 未使用保护设备

（　　）f. 其他

9. 其他类型

	第四部分　诱因分析
不适用	一、飞机设计 / 构造 / 零备件 1. 构型复杂 / 缺陷　　　　　4. 备件标识缺陷 2. 不易接近　　　　　　　　5. 防错设计不充分 3. 构型改变　　　　　　　　6. 其他 详细说明飞机设计 / 构造 / 零备件是如何导致差错的
不适用	二、初始批准的维修文件 1. 不易理解　　　　　　　　4. 不具备 / 无法得到 2. 不正确 / 不完善　　　　　5. 资料未及时更新 3. 前后矛盾 / 参考过多　　　6. 其他 详细说明初始批准的维修文件是如何导致差错的
不适用	三、公司维修文件 1. 文件不正确、不完整　　　5. 错误地更改制造厂文件 2. 缺少实用文件　　　　　　6. 支持信息不及时或丢失 3. 工作单可操作性差　　　　7. 必检要求不当 4. 未得到有效文件　　　　　8. 其他 详细说明公司维修文件是如何导致差错的
不适用	四、器材管理 1. 缺乏备件　　　　　　　　4. 不具备保管条件 2. 不具备合格标签　　　　　5. 发 / 领料差错 3. 实用超时限器材　　　　　6. 其他 详细说明器材管理是如何导致差错的
不适用	五、设备和工具 1. 不安全　　　　　　　　　7. 没有说明 2. 不可靠　　　　　　　　　8. 过于复杂 3. 控制器或显示器布局不合理　9. 标识不对 4. 校准缺陷　　　　　　　　10. 用错工具或设备 5. 无法获得　　　　　　　　11. 管理失控 6. 不适使用　　　　　　　　12. 其他 详细说明设备和工具是如何导致差错的

不适用	六、环境和设施 1. 强噪声　　　　　　　8. 振动 2. 炎热　　　　　　　　9. 整洁 3. 寒冷　　　　　　　　10. 危险 / 有毒物质 4. 潮湿　　　　　　　　11. 电源 5. 雨 / 雪　　　　　　　12. 通风 6. 风　　　　　　　　　13. 其他 7. 光线 详细说明环境和设施是如何导致差错的
不适用	七、工作任务 1. 单调 / 重复　　　　　4. 与类似的任务不同 2. 复杂 / 易混乱　　　　5. 时间和人力不足 3. 新任务或任务有变化　6. 其他 详细说明工作任务是如何导致差错的
不适用	八、知识和技能 1. 任务知识不足　　　　4. 公司程序和规定的知识不足 2. 技能不足　　　　　　5. 专业知识不足 3. 任务计划不足　　　　6. 其他 详细说明知识和技能是如何导致差错的
不适用	九、个人因素 1. 身体因素　　　　　　6. 身材 / 力量 2. 疲劳　　　　　　　　7. 个人事物 3. 时间限制　　　　　　8. 工作中断 4. 同事的压力　　　　　9. 场所干扰 5. 过于自信　　　　　　10. 其他 详细说明个人因素是如何导致差错的
不适用	十、计划和监督 1. 缺乏分工和提示　　　5. 过多或缺少监管 2. 工作先后次序安排欠佳　6. 缺少检验和互检 3. 分配任务欠妥　　　　7. 其他 4. 不现实的态度 / 期望 详细说明计划和监督是如何导致差错的

不适用	十一、信息沟通	
	1. 部门之间	5. 领班和经理之间
	2. 人员之间	6. 飞机机组与地面人员之间
	3. 工作班次之间	7. 缺乏沟通所需的手段
	4. 员工和领班之间	8. 其他
	详细说明信息沟通是如何导致差错的	
不适用	十二、组织机构	
	1. 公司政策缺陷	5. 检验员不能正确行使职能
	2. 公司程序和规定缺陷	6. 部门间工作任务不平衡
	3. 容忍习惯性做法	7. 缺乏对人员的全面评估
	4. 员工队伍不稳定	8. 其他
	详细说明组织机构是如何导致差错的	
不适用	十三、其他 (详细解释其他问题是如何导致错误的)	

第五部分　纠正和预防措施

类别	说明
1.1 政策和程序:	
1.2 技术文件:	
1.3 支持性文件:	
2.1 持续性培训:	
2.2 环境 / 设施:	
2.3 组织机构:	
2.4 人力资源:	
3 安全文化:	
4 其他:	

第六部分　措施闭环审计记录

维修差错调查表记录了维修差错调查的过程和分析结论，由以下六部分组成：

（1）第一部分：概述

（2）第二部分：事件

（3）第三部分：维修差错

（4）第四部分：诱因分析

（5）第五部分：纠正和预防措施

（6）第六部分：措施闭环审计记录

维修差错调查表各部分相互关系如图5-4所示。

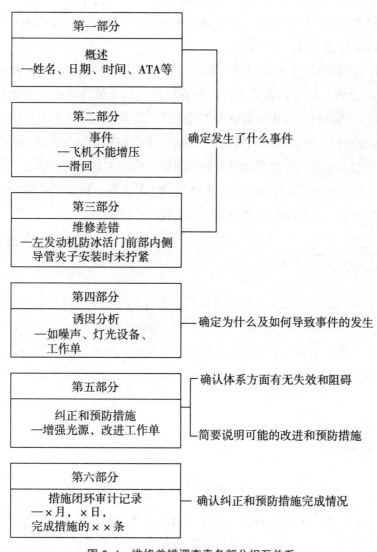

图5-4　维修差错调查表各部分相互关系

5.4.4　维修差错调查表填写要点

（1）维修差错调查是为了改进工作，预防和减少差错。任何人不应使用调查中提供的信息加重对当事人的处罚，或对单位进行指责。

（2）抓好人为因素培训，结合典型事例分析，使每个人都理解人为因素的原理、内容和功用，使人们积极参与，是搞好调查的基础；培养一支素质高的调查人员队伍，是保证调查质量的重要措施。

（3）数据来源真实准确，实事求是地反映事件情况，不能推理想象。

（4）填写表格时，不但要在选择的项目前画"√"，还应在每项的空白处描述所选诱因是如何导致差错的。"不适用"是指该因素不是导致差错发生的诱因。为防止遗漏，要求对不适用的项目也应画"√"。

（5）当某一事件由多个差错导致，而每个差错又有几项诱因时，应针对每个差错填写调查表并进行分析，将这些表依次排列并装订在一起，最终形成一份完整的差错调查表。调查分析的证明材料，应该作为调查表的附件，是调查档案的重要组成部分。

（6）诱因分析时，若发现飞机的设计/构型/零备件和初始批准的维修文件方面的问题，应向设计制造方通报；若发现规章方面的问题，应向主管部门反映。

（7）决策者的观念、理解和支持，是维修差错调查深入的关键；科学的规定，完善的规章和合理的奖惩，有利于提高调查材料的完整性和准确性。

思考题

1.结合实训中的体会，把由于缺乏沟通而产生的差错减少到最低，一般要采取哪些安全措施？

2.请结合自己学习中或生活中的实际案例，讲解时间压力的表现有哪些？

3.请总结航空维修人为因素的 12 条不良行为，并阐述在以后的工作中如何避免这些"陷阱"。

【延伸阅读】

船骥托起一片天

吴仲华（1917.7.27—1992.9.19）出生于上海，祖籍江苏苏州，工程热物理学家，中国科学院学部委员。

最突出的贡献在于创立"叶轮机械三元流动理论"，被国际同行称为"吴氏通用理论"，广泛应用于先进航空发动机设计。他牵头创立了工程热物理学科，提出"能的梯级利用与总能系统"思想，对我国的能源规划产生深远影响。

吴仲华回国后历任清华大学动力机械系教授、中国科学院动力研究室主任、中国科学院力学研究所副所长、中国科学院工程热物理研究所所长等职位，为我国工程热物理学科培养了一大批人才。

"中国有吴仲华，还要引进航空发动机？" 20 世纪 70 年代，当得知中国要引进英国罗罗（Rolls-Royce）公司的斯贝发动机，英国人诧异道。

要知道，斯贝发动机的研制，得益于中国科学家吴仲华提出的叶轮机械三元流动理论。并且，世界上主流航空发动机的研制都利用了该理论。

1979 年春，中美建交之初，吴仲华率队访美，在洛杉矶转机时，通用电气公司（GE）派了两架总裁专机接送，升中国国旗欢迎，其中主机邀请吴仲华一人乘坐，以示敬意。

如果要列一个"加速世界文明进程的中国科学家"榜单，吴仲华一定会留下名字。而他一生的追求："中国人搞出的理论，首先要为中国人民服务！"

青年求学，荣登高峰

第二次世界大战结束之后，航空工业受到前所未有的重视，为提高飞机发动机性能，各国都投入重金。但航空喷气发动机（燃气轮机）技术含量极高，求解其内部流动的控制方程组，即使在今天仍然是"不可能的任务"。

谁也不曾想到，一位来自中国的年轻人会解开这道难题，做出影响整个工业界的理论突破。

此时的吴仲华和妻子李敏华，刚刚从美国麻省理工学院（MIT）取得博士学位，双双进入美国国家航空咨询委员会（NACA，美国国家航空航天局前身）工作。

在 20 世纪 40 年代，发生了一件"不起眼"的"大事"——电子计算机在美国诞生。当时人们并未预料到其变革性的影响，吴仲华却洞察先机，成为国际大规模科学计算的开拓者之一。

1950 年，他经过严格的论证分析，做出两大颠覆性突破：一是摒弃当时公认的视叶片为孤立翼型的方法，将难以计算的黏性选项代之以熵的梯度，提出吴氏方程；二是抛弃当时流体力学界推崇的解析求解方法，把复杂的三维空间流动分解成几个简单、合理的二维计算，使得利用计算机进行数值求解成为可能。

这项工作一经发表，掌声和质疑声纷至沓来。这位毕业 3 年的年轻人何以敢挑战权威、挑战经典？ 40 年后，吴仲华当时的主要争论对手——加州理工学院教授 Frank Marble 回忆起这段经历时微笑着说："吴是对的，我当时错了。""论战"失败后，Marble 转向别的方向。

国外学者曾总结，20 世纪 50 年代初，叶轮机械界发生了两件大事——电子计算机的发明和叶轮机械三元流动理论的创立。

此后，航空发动机发展走上"快车道"，世界三大飞机发动机制造商罗罗、普惠和 GE 的先进发动机纷纷实现商用。吴仲华 1992 年去世时，美国机械工程师学会在新闻中罗列了采用其理论设计的一系列先进航空发动机，称他为"叶轮机械先锋"。

"这个理论完美结合了丰富的想象力、清晰的物理概念、严格的数学演绎和方便的工程应用，体现了工程科学之美。"吴仲华的学生和多年的助手、中国科学院院士徐建中告诉《中国科学报》，三元流动理论至今经久不衰、应用广泛，三峡水利枢纽工程水轮机的设计也应用了该理论。

责任所在，拼命为之

"中国人搞出的理论，首先要为中国人服务！"

这是吴仲华一生的理想与抱负，也是他回国之后的行动指南。

燃气轮机是国之重器，也是衡量一个国家工业水平和科技能力的标志之一。吴仲华最大的理想是在中国独立自主发展航空发动机和燃气轮机。徐建中回忆，当时全世界都在开展两机研制，吴仲华心急如焚。

但事与愿违，由于种种原因，中国并未走上自主研发的道路。1975 年，中国引进斯贝发动机。1977 年，王震副总理接管此事，他写信给吴仲华，希望由中国科学院派出技术力量，完成斯贝发动机的改进工作。

就这样，吴仲华带着 12 人去了西安，后留下 10 人，又派两人去英国罗罗公司学习，研究斯贝发动机。考虑到航空发动机技术难度大，应用要求高，吴仲华提出发展工业用燃气轮机和舰用发动机的思路。1983 年，这项工作圆满完成，后获中国科学院技术进步奖一等奖。

对于改进斯贝发动机，徐建中回忆，吴仲华投入了极大的热情。"吴先生告诉我，这一步一定要走。"

1982 年，吴仲华敢为人先，联合西安航天发动机厂组建了中华燃气轮研究与开发公司，在历史中扮演了改革者的角色。

整个 20 世纪 80 年代，吴仲华以"责任所在，拼命为之"为座右铭，全身心投入燃气轮机的科研和推广中。一位原国家计委领导曾评价：引进斯贝发动机虽然不是吴先生建议的，但后来他到处促进其应用，则完全是从国家利益出发。

老骥伏枥，福泽后世

"绝江者托于船，致远者托于骥！"2017 年，吴仲华诞辰百年纪念，中国科学院院长白春礼用"船骥之托"比喻吴仲华托起国家民族大业的贤能。

"能的梯级利用与总能系统"是吴仲华另一个被广泛认可的理论遗产，现已成为能源科学发展的主流思想，被写入国家能源规划。

改革开放以后，我国进入经济高速发展时代，但此时能源供应尚不紧张。作为一位战略科学家，吴仲华敏锐地指出：能源是中国现代化的战略重点。1980 年，他在党中央书记处举办的科学技术知识讲座上提出著名的"温度对口、梯级利用"用能思想，后在《红旗》转载，成为县团级干部必读教材。

1990 年，73 岁的吴仲华应邀赴美国讲学 4 个月，由美国国家航空航天局录像，出版专著，作为其培训教材。

1992 年，在与病魔斗争的最后岁月里，吴仲华还在病床上工作，同李敏华一起向有关领导提交"在我国发展 IGCC 洁净煤发电技术的建议"。

回首 1943 年，作为一位怀揣工业救国梦的年轻人，来自农业大国的他最心仪的专业是农业机械，阴差阳错，想开拖拉机的他却走上了一条"开飞机"的道路。但是回顾吴仲华的一生，一分一秒都未曾偏离"科技报国"的初心。

去世前，他叮嘱去看望他的学生："好好干，把三元流动理论搞下去。"后来他几乎说不出话了，有人来看望时，便看着一生琴瑟和谐的伴侣李敏华说："我想说的她都知道。"在场的人都明白，吴仲华心底的那句话一定是：中国人搞出的理论，一定要为中国人民服务。

2016 年，我国启动航空发动机和燃气轮机重大专项。虽然吴仲华没能看到这一天，但他的弟子们定会续写历史。

航空维修差错预防

【知识目标】

（1）了解预防航空维修差错的 4 个重要措施。

（2）掌握提升航空维修人员综合素质预防航空维修差错的途径。

（3）理解提高航空装备可靠性预防航空维修差错的措施。

（4）掌握改善维修环境预防航空维修差错的方法。

（5）理解提升组织管理水平预防航空维修差错的途径。

【技能目标】

（1）会针对航空维修差错产生的原因采取针对性的预防措施。

（2）能够克服环境因素影响预防航空维修差错。

（3）会运用组织管理知识预防航空维修差错。

【素质目标】

（1）培养遵章守纪的法规意识。

（2）弘扬刻苦耐劳的优良维修作风。

（3）培养良好的安全意识。

航空维修差错是可防可控的，根据 SHEL 模型理论，主要从提升维修人员综合素质、提高航空装备的可靠性、改善维修环境、提升组织管理水平等方面采取措施预防航空维修差错。

6.1 提升维修人员综合素质

【情境导入】

2014 年 9 月，某部飞机在更换到期的导弹过程中，该机所挂一枚导弹走火。事故原因是军械师在判断导弹与飞机不匹配现象时违反了安全管理相关规定，错误认为断开导弹与飞机对接插头，取下地面保险销，就等同于卸下外挂物，忽视了导弹发动机点火电路的连接关系，未及时报告，自作主张展开工作，通电自检过程中点火电路作用，导弹走火，导致一起人为责任事故。这起航空维修差错造成的事故中，我们应该吸取什么样的教训？采取哪些措施改进？

【知识学习】

6.1.1 树立航空维修事故预防的观念

航空器是航空系统的基本组成部分，涉及的维修事故是多种多样的，原因也是多方面的，其预防和控制都是非常复杂的。但应该确信维修事故在一定程度上是可以预防的，同时，在思想上应该确立以预防为主的观念。

1. 坚信航空维修事故是可以预防的

对于航空装备维修来说，不可能完全杜绝维修事故，但可以尽可能地预防维修事故的发生，或降低维修事故的等级。维修事故具有偶然性和必然性两个特点，用概率理论分析，它是事物必然性和偶然性的对立统一。

（1）维修事故的偶然性是指事故有随机性，它随时可能发生，也可能不发生。这是因为事故的影响因素是异常复杂的，涉及参与维修活动的所有人员，而人又是经常变化的；涉及装备，而现代装备越来越复杂；还涉及环境的复杂多变性和任务的艰巨性等。这些多样化的事故诱发因素及这些因素组合关系的不确定性，使事故的发生具有偶然性。一个维修事故导致的损失大小或损失种类也具有很大的偶然性。反复发生的同类事故并不一定产生相同的损失。即使是那种避免了损失的危险事故，如再次发生，会产生多大损失，也无法进行确定性的分析和预测。

（2）与任何事物的规律性一样，维修事故并不是纯粹偶然的，其偶然性背后隐藏着必然性，事故的发生是造成事故的一些基本因素相互作用的必然结果。从一个危险因素开始一直向下推断，是有规律可循的，在什么情况下出现什么结果也是可以做一定程度分析的。我们调查事故时，是从事故后果反向来分析，并推断事故的原因。预防事故是以存在的危险因素开始来分析，推断可能产生的后果，根据分析的结果来阻止危险因素的发展，以消灭危险因素的存在。事故的偶然性和必然性是事故发生规律的辩证统一关系，这符合马列主义的哲学观点。

从宏观上讲，事故是可以做某种程度的预测的，根据各种基本因素，根据一个机群事故发生的历史数据，可以预测出今后一段时间可能发生的事故，这种预测只是一种趋势或者一种概况。根据海因里希法则，相当多的事故征候都是能被发现和预防的，从而可以阻止事故的发生，或者降低事故的损害程度。

航空装备维修许多时候都是重复着近乎枯燥的巡检工作，然而一个螺栓的松动、一个参数的调整、一个设备的校装、一个数据的采集，处处都能折射出细节产生的效应。也许机务维修人员在飞机设备旁多站一站、听一听、看一看，就有可能避免一次大的飞行事故。2017 年 1 月 4 日，某机务维修干部在对飞机做飞行前检查时，发现后缘襟翼上挂有一丝油滴，通过检查判断油滴是液压油。于是他将襟翼放到 40 个单位后发现 5 号地面扰流板作动筒接头上也挂有油滴，更换封圈后打压测试，作动筒本身严重漏油，无法正常工作。在拆装作动筒时，发现该作动筒的一端因疲劳已经完全断裂，这一隐患直接威胁到辅助操纵系统的工作正常与否，并将严重威胁飞机的飞行安全。从一滴油发现并消除了一个安全隐患，避免了一次事故征候的发生，保证了飞机的飞行安全。可见注重安全、工作细心是何等重要。

2. 树立预防为主的航空维修观念

长时间没有发生事故，就会产生懈怠心理，提到预防事故就认为是杞人忧天，似乎是多余的事，浪费时间。但事故发生前做预防，还是要好过事故发生后的后悔。因此，要树立预防为主的航空维修观念。

对于事故，要系统地、深层次地来预防，这是一种需要研究和实施的系统工程，涉及多方面的工作。维修事故的发生有以下 3 个阶段：

（1）孕育阶段。虽然处于无形状态，但可以感觉到它的存在，有经验的安全人员会意识到可能要发生事故，但不知道确切发生的时间。

（2）生长阶段。生长阶段可以感觉到事故的存在，某些事故征兆已经暴露出来。

（3）损失阶段。事故发生，并造成人员和经济损失。

事故的预防就是要在孕育阶段、生长阶段去发现和辨识事故诱因，并防止它的发育和生长。这就必须要时时刻刻、兢兢业业地做好预防工作，而且要所有相关人员协调一致地采取措施。

事故预防机构的工作方针如下：

（1）提高对事故预防的认识和理解，并进行必要的宣传和教育。

（2）制定需要上报和统计的事故隐患标准，收集、统计和分析事故隐患数据，提出排除或避免危险因素的措施，制定有关安全法规。

（3）进行安全形势分析，通报有关事故和事故预防信息。

（4）进行安全研究，编写有关预防事故的安全文件和资料。

6.1.2 培养安全法规意识

在航空维修系统内开展经常性的安全教育是预防事故隐患的一项重要工作内容。它不仅是维修系统各级管理人员和广大维修人员通过对机务维修法规、安全法规、规章制度及安全管理知识的学习，掌握安全技术知识、提高安全技术技能的一项重要途径；更重要的是通过剖析和学习大量活生生的以血的教训换来的事故案例，能够增强维修人员的责任感和职业道德感，使其从内心做到"不忍心犯错"。

充分发挥安全警示展示的作用，将历史上那些血的教训张贴上墙，定期组织参观教育，时刻警示维修人员。对安全意识、安全基本知识、事故和故障事例、安全法规等内容进行集中、分散、个人学习，写成规范的教材，采用事故陈列、安全知识抢答、现身说法、经验交流等多种多样的教育形式，必要时进行定期或者不定期的抽查、考核，从而掌握维修事故隐患的特点和规律，掌握原因和教训，知道导致的后果和危害，掌握预防的措施和办法，预防事故隐患。同时，通过维修现场的安全警示标语，做到警钟长鸣，防患于未然。思想是行动的指南，坚持不懈地对维修人员进行安全教育，灌输"安全为天"的理念，是每一个单位确保安全生产的必要手段，只有在这样的"唠叨"下，维修人员才有可能克服自身的惰性和侥幸心理，绷紧安全维修工作的弦。但是，这种教育往往是总揽全局的宏观教育。对于机务维修来说，在不同的环节和时段，在不同的地点和环境，安全教育更应该是有针对性和指向性的"微观"教育。充分预见安全管理可能出现的细节漏洞，消除思想上的滞后和松懈，提前全方位地进行特殊时期的安全意识教育，给维修人员打好思想上的"预防针"，维修人员就能在舆论和制度的双重约束下，安全意识始终跟上节拍，在工作中自觉履行工作职责。

6.1.3 提升业务技能水平

维修人员业务技能差是产生维修事故隐患的主要原因之一。提高维修人员的业务能力显然有助于减少可能发生的维修事故。提高维修人员的文化理论和专业技术可以通过岗前培训、在岗培训、继续培训、特殊岗位人员持证培训等方式实现。同时，根据每个人的技术状况，又可以采用集中辅导、示范操作、分散自学、岗位练兵等形式。制定严格的考核制度和激励机制，以刺激维修人员学技术和钻研业务的积极性。海因里希法则告诉我们：事故背后有征兆，征兆背后有苗头。做好事故苗头的信息共享，认真吸取航空界所有的教训，特别是注意吸取他人的教训，也是预防事故的有效手段。航空维修事故不能够事事亲身经历，而且最好是不要经历，因此从别人的经验教训中学习也是一种比较好的途径。

另外，要培养维修人员互相学习的能力。分享优秀同志的先进经验，必要时还可以开展维修作风整顿教育，努力营造一个严、慎、习、实的良好安全氛围，使安全操作成为维修人员的一种潜在的意识、本能的反应和自觉的行动。

6.1.4　培养优良的维修作风

维修作风是一种强大的精神力量，是机务工作的灵魂，也是预防维修事故隐患的重要措施。维修人员必须注意维修作风的养成，要从点点滴滴入手，自觉地遵守和严格按照维修规程、条例、规定办事，对待工作要认真负责、准确细致，绝不能粗心大意、违章蛮干，在工作中维修人员还要养成团结协作、吃苦耐劳的优良作风。

加强维修人员的维修作风建设，特别要注重维护过程中的细微环节的管理，从细节抓起，维修人员维修作风建设从以下几个方面做起：

（1）严格执行法规制度。细节决定安全，安全规章、规程都是用血的教训换来的。执行和落实安全规章、规程不能打任何折扣，"程序"的每个细节都是不能疏忽的。不折不扣地执行制度规定的每个细节要求对有效预防事故的发生至关重要。

（2）强化制度约束，养成良好习惯。在机务工作制度中应加强自检、互检和专项检验等机务工作制度，用多重关口来减少维修差错。同时，在制度上用奖惩措施进行管理和约束，要使维修人员从思想上真正明确机务无小事，自检、互检和专项检验应处处存在，要事无巨细地执行自检、互检和专项检验制度。

认认真真钻研业务，扎扎实实修炼作风，执行规章制度决不含糊。注重点滴养成习惯，严格一日生活制度，养成遵纪守法、令行禁止、军容严整、内务卫生整洁的习惯，建立良好的工作习惯和生活习惯，促进优良机务作风的养成。

（3）加强机务文化建设，促进优良作风养成。从价值层面展示维修人员无私奉献的优秀品格，激发维修人员敢当蓝天铺路石的职业自豪感；从环境层面布置相关安全文化标识，营造浓厚的安全文化氛围；从行为层面确定奋斗目标，实施安全奖励，对工作中作风扎实、严谨细致的人员给予奖励和表扬，而对于认为安全不安全不是我的责任，出工不出力，本着大错误不犯，做一天和尚撞一天钟的思想，得过且过，敷衍塞责的人要适当批评和惩处。要形成一种积极的奖励文化，自觉克服"多干活多出事，少干活少出事，不干活不出事"的错觉，使大家自觉养成爱岗敬业、认真负责、团结协作、准确迅速、刻苦耐劳、遵章守纪、有令必行、有禁必止的优良作风。

在长期的机务工作实践中，一代代机务工作者对于优良机务作风的培养总结出了许多行之有效的成功经验，也为我们树立了无数学习典范。其中"认真负责、准确迅速、团结协作、刻苦耐劳"的优良机务作风就是维修人员多年在航空机务一线工作经验的积累，我们应该把它作为一笔宝贵的精神财富继承下去并发扬光大。同时，在新的历史时期，我们也要适应航空武器装备跨越式发展以及新军事变革的需要，进一步发展和完善夏北浩的"三三四四五五检查法"，并将其作为平时机务检查和维护的黄金法则，尤其要把适合新装备的"校测探判到"等科学检查方法坚持应用到维护工作中，将它转化为我们日常操作的一招一式、一步一动。

6.2 提高装备的可靠性

【情境导入】

1994年6月6日，西北航空公司图-154飞机空难，虽然事故是由航空维修差错直接造成的，但实际上飞机的设计也存在问题，没有进行插头防装反的设计。我们如何提高航空装备的维修可靠性进行航空维修差错的预防？

【知识学习】

6.2.1　增强航空装备的维修性设计

为了改善和提高航空装备的维修性，可以在航空装备研制开始，根据以往的实践经验和新机任务要求，提出新机维修性的定性要求和定量指标，并列为设计要实现的重要目标之一。狠抓维修性设计，并在重要设计决策时，对航空装备的性能、可靠性、维修性做到统筹兼顾。

增加防差错设计，从航空装备的结构、组合、连接等方面考虑维修工作的特点和维修人员可能出现的一时疏忽，采取"装不反、接不错、忘不了、漏不掉"等技术措施，通过周密完善的结构改进，消除机件本身发生差错的可能性，或使发生差错后下一步工作不能继续进行，以强调维修人员本身纠正操作错误或失误，从源头上预防维修差错，达到杜绝维修差错的目的，彻底解决事故隐患的问题。通过对维修信息的分析处理，将易发生维修差错的机件信息进行处理和反馈，进而实施针对性的改装。现代高新技术的航空装备，在防差错设计上已经采取了很多措施。例如，针对某型飞机调节锥装反的差错，将固定螺钉改为不等距、不对称的安装结构，则调节锥反了就会装不上；采用定位销或键槽的设计，可防止装错方位；采用不同口径或不同螺距、螺纹接头的设计，可防止相邻导管接反；采用装联锁电路的设计，可防止误动操作把手等，从而为防止维修差错的发生起到釜底抽薪的作用。

6.2.2　加强航空装备的可靠性设计

航空装备可靠性可分为固有可靠性、使用可靠性、环境适用性，这3个方面也是保证飞机可靠性的基本因素。其中，设计、制造是提高可靠性的基础，维护、修理是保持和恢复可靠性的措施，环境条件是影响可靠性的外界因素。因此，提高航空装备可靠性，必须在设计和制造过程中就要考虑，要求做到以下两个方面。

（1）科研论证决策机关对新研制的装备既要提出合理的战术技术要求，又要提出可行的可靠性、维修性指标。

（2）设计单位要进行可靠性设计，这是提高航空设备可靠性的最好途径。

它包括明确制定设备可靠性指标，改善设备的冷却条件，降低元器件额定使用值，使设备低负荷运转，采用冗余度、整体结构、破损安全结构设计，采用新的试验标准和程序等。

6.2.3　加强航空装备的余度设计

余度设计是为系统或设备设计一套以上能完成给定功能的单元，只有当规定的 n 套单元都发生故障时，系统或设备才会丧失功能。余度设计是使系统或设备获得高可靠性、高安全性和高生存能力的方法之一。

6.2.4　改善维修手段

1. 加强工具设备的管理

工具设备对飞机的维修质量与安全都有直接的影响，对此必须引起有关部门和维修人员的足够重视。常用工具设备不先进、不齐全，用于检测、监控、调整等方面的工具设备不正常或有故障，就不能正确反映维修对象的信息，在调整过程中就不能正确体现维修人员的意图，事故隐患就有可能产生，而且此类隐患如果不能通过有针对性的预防措施进行消除，最终有可能酿成事故。机务大队必须加强现有工具设备的管理。修理厂的仪器设备应该按照标准配备齐全，加强管理，正确使用、维修和保管，使其经常处于良好状态。

（1）工具设备使用、管理制度的制定。

1）建立和健全责任制。所有工具设备都应由专人负责保管，定期检查、清点，如有丢失、损坏，要及时查明原因。保管人不在时，要指定他人代管。

2）工具设备主要用于航空维修，外单位借用需经机务大队（修理厂）领导批准。借用的工具设备要认真办理登记手续，限期归还。高精度的仪器设备不得外借。

3）仪器设备要定点定位摆放，常用的仪器设备要有罩布，不常用的精密仪器设备使用完毕要放在专用箱内。对停用一个月以上的仪器设备要油封保管，并根据地区和季节特点，定期通电检查。

4）维修人员必须在熟练掌握仪器设备的性能、构造、操作程序和维护保养技能的情况下，才能独立使用。精密的、昂贵的仪器设备要指定责任心强、技术熟练的人员使用、保管。

5）在使用仪器设备前，要检查其型号、性能和技术状况，只有符合技术标准的仪器设备才能用于航空维修。未按规定时限校修的仪器设备不得用于航空维修。仪器设备不得带故障或超负荷运转。

（2）对仪器设备的维护、校验。地面仪器设备与飞机上的设备、机件一样，经过一定的使用期限，就要进行维护保养和校验，以保证经常处于良好状态。具体应遵守以下规定：

1）工具设备要根据不同地区、季节和工作场所的特点，采取相应的防潮、防锈、防尘、防震等措施。

2）外场使用的地面设备涂油、防锈等维护保养工作，应结合飞机换季工作进行。修理厂在每年夏季、冬季到来之前，应对仪器设备的技术状况进行检查，并根据检查结果和季节特点进行检修和保养。

3）认真执行仪器设备的检修、校验制度，严格按照上级维修管理部门规定的时限校验、检修。各种型号仪器设备的校验周期，按照有关规定执行。

2. 推进先进检测手段应用

充分发挥飞参判读、油液分析、无损检测、发动机综合监控等先进技术手段的重要作用，严格落实飞行现场初判、精判制度，严格对重要系统数据进行趋势分析。飞行日对每架次飞参数据均要进行复查和验证，凡飞参数据不合格、机载设备不完好的飞机，一律不得参训。

3. 推进信息系统综合集成

着眼提升基于信息系统的体系保障能力，构建覆盖各维修保障单元的网络信息系统。通过信息化的网络平台，将飞参判读、油液分析、质量检验等有限、离散的环节进行有机整合，不断推进保障效益融合及升级。

6.3 改善维修环境

【情境导入】

2018 年 2 月 17 日，某航 737 飞机执行航班，空中进行防冰时，右发动机整流罩防冰 TAI 指示为琥珀色，20 秒后恢复正常。航后维修人员依据 MEL30-03-03B 办理保留，放行飞机。2 月 18 日，该机继续执行航班，起飞阶段主注意灯及 COML ANTI-ICE（发动机整流罩防冰）灯亮。落地后检查发现由于前日执行 MEL 保留"M"项时，工作者未按 MEL 手册要求拔出防冰管道超压电门电插头，而是错误拔出防冰活门电插头，导致发动机大功率时相关警告灯亮。

根据调查，机务维修人员业务技能不足，航后时间较晚，维修人员较疲劳，深夜光线不好，没有正确识别手册中相关插头，断开了错误的电插头，是导致此次事件发生的直接原因。通过这起航空维修差错造成的问题，我们应该如何吸取教训？采取哪些措施预防类似的差错发生？

【知识学习】

6.3.1 识别维修危险区域

航空器日常存在许多潜在的物理危险区域，一般包括下列几类。

1. 活动物体工作区域

活动物体工作区域包括航空器的起落架，航空器的操纵拉杆、操纵钢索，折叠式活动旋翼，航空器螺旋桨，航空器的活动座舱盖、活动舱门口盖、全动机翼，减速板、扰流板、襟翼、副翼、缝翼、升降舵、方向舵活动面，航空器的枪炮、弹药、油箱挂架，电子吊舱、设备口框、发射装具等分解安装工作区域。

2. 很高工作区域

很高工作区域包括航空器的垂直尾翼、水平尾翼、机翼上部、机身上部位置，航空器螺旋桨，旋翼、发动机位置，飞机机翼油箱、软油箱位置，导弹装备顶部位置等分解安装工作区域。

3. 狭窄或者封闭工作区域

狭窄或者封闭工作区域包括航空器驾驶舱部位，航空器进气道、

危险区域（微课）

排气管部位，飞机结构油箱、软油箱内部等分解安装工作区域。

4. 加注释放工作区域

加注释放工作区域包括航空燃油、航空汽油、航空酒精、航空滑油、航空液压油、固体燃料、液体燃料、推进剂、氧化剂、肼燃料、其他有害的化学物质等加注释放检查工作区域。

5. 移动试车工作区域

移动试车工作区域包括航空器的牵引运动和移动，航空器的试车或加注试验等工作区域。

上述及不限于上述维修危险区域的工作，需要充分做好预防准备工作。一是用文件、指示牌或人员等形式，进行提示、警告、警示、警戒，开展多成员分工协作；二是现场配备有规定的消防设施设备，防止静电或其他原因引起的闪燃闪爆等火灾事故；三是防止人员在作业中，不慎造成触电、压伤、挤伤和坠落摔伤事故；四是试车、试验时，在警戒范围内，严禁人员和车辆通行，防止人员、物品吸附及吹倒等事故。

6.3.2 改善维修工作环境

良好的工作环境，能使人愉快地进行工作，有助于提高工作质量。工作环境好了，维修人员犯错的概率会适当减小，事故隐患产生的概率也随之减小。

航空装备维修工作属于复杂劳动，既要用力，更要用脑，需要改善维修工作环境，合理安排维修作业时间。

1. 改善休息环境

休息环境应保证人员能有效地休息，消除疲劳，保证旺盛的工作精力。要防止噪声、灯光等影响休息的因素。严格、科学地安排作息时间，除非特殊情况，都应遵守作息时间。航空维修工作一般情况下切忌打疲劳仗，否则安全得不到保证，因为疲劳对人的生理机能、心理状态、操作能力都有一定的影响。

一般情况下，人发生困倦有一定的规律性，凌晨、午后和深夜是最易发生困倦的时间，容易出错。图 6-1 表明了一天中大脑清醒程度和时刻的关系，图 6-2 表明了困倦性事故和时刻的关系。

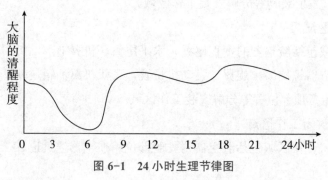

图 6-1　24 小时生理节律图

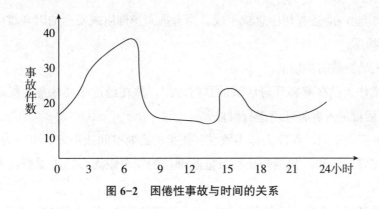

图 6-2　困倦性事故与时间的关系

因此，保证充足有效的睡眠和休息，对保证维修安全有重要作用。有些国家规定在飞行前一晚，机组必须保证 8 小时睡眠，否则取消飞行。另外，机务工作有时作业持续时间很长，连续飞行，要提倡连续作战的作风，但也应进行必要的调整，轮流短暂休息和补充必要的食品和水。

2. 改善作业环境

作业环境有人工环境和自然环境。自然环境一般是人力不可抗拒的，但人通过了解其变化的时间和状态，可以避开它，早做防范。例如，有结冰区，可以提前开防冰系统；天气太热，可调整作息时间；有冰雹，可以提前盖防冰套；有大风沙，飞机提前进机库，没有机库，提前将飞机蒙布盖严实等。充分利用厂房和机库，这些场所将自然环境隔离为人工环境，为航空装备和维修作业提供了一个稳定的工作环境，可以减少维修事故和故障。人工环境中，有的可以人为改善，以降低不良环境对作业人员的刺激，如照明、振动、噪声，甚至车间、厂房的色彩，对作业人员的兴奋和疲劳都有直接作用。另外，应主动提高维修人员对环境的适应能力。

维修人员还应对所维修的具体航空装备对环境适应性有较清楚的了解，在什么环境下，哪些部件、设备最容易出问题，应当制定一个具体的航空装备环境适应表，以便后续人员都了解，有针对性地进行预防，以减少事故和故障。例如，"黑鹰"直升机在风沙大的地区，对变距拉杆轴承和发动机燃气涡轮影响大，多在干热地区对尾桨开裂影响大等。

6.3.3　构建维修安全环境

维修的安全环境是维修活动时避免人员伤亡或设备损伤的必要条件。需要强调的是，由于维修作业与运行作业差别很大，维修时的安全环境与运行状态的安全环境是有区别的，运行中的安全措施未必能保证维修的安全，而应根据维修的特点采取安全防护措施。

（1）排除有害因素。排除或隔离能影响人的身体健康、导致疾病，或可能对设备造成破坏的因素，以保证人身的健康和被维修对象的质量。应特别注意维修中可能出现的突发危险因素（如管道内有害物质突然泄漏、爆炸、起火）的防护。对于存在有害物质和危险因素的维修作业，应备有相应急救手段。当有损人身健康或安全的因素难以排除和隔离时应采取下述措施：

1）维修人员穿戴防护用品。

2）控制维修人员在有害环境区域的暴露时间，并在经过必要休息（保证人的生理功能得到恢复）后再进入有害环境进行维修。

（2）保证安全空间。保障人体不致受到伤害的必要空间或距离，可分为以下两类：

1）接触型安全空间，包括防止可及危险部位的安全距离、防止受挤压安全距离、安全缝隙间距。

2）非接触型安全空间，包括防止触电安全距离和防止有害物质的安全距离。

（3）安全报警及安全标志。应保证维修场所安全报警及安全标志的完整性及有效性。

6.3.4　培育航空安全文化

文化是一种弥漫于系统各方面、各层次的组织风气、价值观念、思维方式和行为习惯。它不仅对系统的运转是一种必不可少的润滑剂，而且能够创造良好的气氛和维修环境，从观念、信仰层次调动维修人员的工作积极性和忠诚心。

安全文化是指安全工作指导思想的来源及其具体内容，也可以叫作安全理念，它们由组织整体拥有，为组织成员个体来共同体现。它们用若干与事故发生密切相关的条目来表达。安全文化对安全管理体系的指导过程是组织整体的行为，即指导行为。积极的安全文化的标志有知情文化、沟通文化、学习文化、报告文化、信任文化、正义文化、无惩罚文化。

航空维修安全文化影响着航空维修系统的各个方面，航空维修安全管理最重要的也是最有效的部分是塑造良好的航空维修安全文化。安全文化属于机务文化的一个组成部分，安全文化就是航空维修安全价值观、信念道德、理想、最高目标、传统、风气、行为准则的复合体。加强安全文化建设，可使机务技术人员、组织人员尽量少地遭遇风险或伤害。安全文化会深刻地影响维修人员的行为。

一个建立了积极的航空维修安全文化的维修单位一般具有以下特征：

（1）从主要领导到一般基层维修人员，都树立了正确的安全观。每个人都把保证安全当作自己的庄严责任，充分认识到安全的重要性，始终保持高度的警惕性，正确处理安全与效益、安全与服务、安全与发展等关系。能够防微杜渐，有正确的是非观。

（2）人人都能自觉遵守安全规章，严格执行标准操作程序，遵章守纪形成风气、成为习惯。

（3）在相互信任的基础上安全信息畅通无阻，能够及时发现安全危险源，预防措施能够得到及时有效的贯彻执行。

积极的安全文化的标志：

（1）知情文化，组织成员熟悉安全目标和规章制度，一致认同安全理念和组织价值观；

（2）沟通文化，注重信息共享和善于沟通，有团队精神；

（3）学习文化，虚心、谨慎，善于学习，善于总结，相互交流，共同提高；

（4）报告文化，不隐瞒问题和隐患，不忌讳失误和过错，发现异常和发生差错及时报告；

（5）信任文化，有以制度规范和道德约束为基础的信任，相互依靠和帮助，相互支持和鼓励；

（6）正义文化，以安全目标、组织发展和集体利益为重，自觉抵制自私自利行为；

（7）无惩罚文化，对积极维修人员的一般差错"宽容一次、包容再次"，容忍因其能力局限性所导致的一般差错，有限豁免差错者的严重责任。

6.4 提升组织管理水平

【情境导入】

1996 年 3 月 13 日，某航司工程部 TY-154M 中队执行 B2630 飞机定检试车，启动双发进入慢车时，飞机向前滑动 18.5 米，碰撞工作梯和电源车，飞机局部损伤，造成直接经济损失 15 万元左右。

事故原因分析：

（1）该单位自 1991 年开始运行 TY-154M 飞机到事故发生时，一直没有建立试车检查单制度，没有任何机外、机内试车前检查单，也没有试车单。

（2）该部门管理手册中对发动机试车人员执照制度有明确规定，要求对试车人员进行培训、考核、资格认证授权，但未严格执行。事故当事人未经培训考核、也未授权，不具备试车资格，但在此之前曾多次单独试车，本次试车也得到机械师同意。管理手册、规章制度形同虚设，各级管理干部熟视无睹。

（3）生产现场组织不严密，劳动纪律差。试车工作无统一指挥，与试车操作有关的人员不在位，各行其是，值班领导离开岗位吃饭达三小时之久，监督检查功能失效。

（4）生产现场安全管理不严格，飞机停放并做工作时，没有按规定使用轮挡和停留刹车。

这起事故暴露出维修现场组织管理混乱，多人违规，这起事故给我们航空维修工作带来了哪些启示呢？

【知识学习】

6.4.1 构建航空装备维修安全管理系统

人与装备相比，装备是静止的，人是能动的。装备一经定型，则固有属性便不易改变，而人有着高度的能动作用和思维能力。因此，加强维修管理，改进和完善维修"软件"，控制人为因素的影响，就能更好地减少事故的发生。科学的组织管理是预防维修事故的重要手段，是在体制层面上的战略防御。组织管理层上的重视对防止事故的发生起到了极其重要的作用。

在网络技术迅速发展的今天，要充分利用计算机的优势为维修事故的研究提供支撑。在日复一日的维修作业中，产生的数据信息量会越来越大，相互关系也会越来越复杂，此时，仅仅凭借管理人员的脑力劳动和手工记录，已无法统观全局并做出正确决策，必须借助计算机对维修安全信息进行全方位管理。

计算机辅助维修安全管理就是对与飞机维修安全有关的信息进行收集、加工、储存、统计、分析、查询和应用的计算机信息系统。利用计算机辅助维修安全管理系统，可以对大量的可靠性数据进行及时的分析，通过系统内的交叉检查去捕获维修差错和排除故障，试图在航空器离场前发现事故隐患。如果仅仅从单一的一起事故调查分析结果来看系统缺陷，可能存在局限性和偶然性。但是，我们通过对维修事故数据库进行统计、分类，就可以比较客观地找出系统存在的隐患，然后采取措施。

维修安全管理系统的建立遵循以下4个原则：

（1）所建立的管理系统要严格按照各项规章制度和安全措施，加强维修一线的科学管理，遵循各级人员岗位责任制和质量检验守则，加强工作的计划性。

维修一线是航空维修的一条重要战线，是整个维修的基础，维修一线管理的好坏，不仅关系到维修方针能否贯彻，技术指令能否落实，质量、效率能否提高，战训任务能否顺利完成，还直接关系到飞行安全能否有保障。据某部门统计，发生的机务飞行事故征候和地面事故中，60%是由于在飞行4个阶段的机务保障组织不严密、责任不落实造成的。所以，加强现场组织管理，是保证空、地安全的重要措施。要根据现场实际情况对工作计划做出及时合理的调整，要合理调度人力、物力资源，做到维修工作井然有序，维修安全管理系统一定要为维修一线的管理、组织提供重要支撑。

（2）所建立的管理系统应该能够体现出好的领导高超的管理水平。好的领导干部是单位的灵魂，在日常的工作中，正确对待和处理个人利益得失，注意研究和掌握维修人员的心理特征及活动规律，对症下药，即实现个性化服务和管理。在用人方面，要善于捕捉每个人的闪光点，提供广阔的空间和充足的机遇，创造一种和谐的人际关系。在和谐的工作环境中，人才可以尽情地发挥出自己的才智和能力，这样的单位才会有强大的向心力和凝聚力。在制度和规则的制定方面要充分考虑人为因素，从组织管理上减少事故隐患出现的可能性。只有充分地调动维修人员的工作积极性，才可以使各项规章制度顺利地执行，人的主观能动性得到最大的发挥，可以在有限的条件下，创造出最高的工作效率和最好的工作业绩。

（3）所建立的管理系统要实现及时、有效的质量检验环节，使得维修事故隐患得到有效遏制。对重点部位、重点工作要专人负责检验，经过定检、启封和大修的航空装备必须专人检查验收。落实技术通报、完成加改装项目、特定检查、定期工作以及更换主要机件后要指定专人进行复查，并按规定完成通电、试车、试飞等验证工作。

（4）要遵循航空技术装备的使用规律，确定科学的维修思想、维修方针、维修方式、维修手段，以及制定各种维修法规和技术政策等，不能仅仅只是被动地接受欧美国家及地区的可靠性维修理论，而应该结合国内的实际情况举一反三，对维修管理运行过程进行有效控制，提高国内航空技术装备的可靠性、维修性。依据航空技术装备的使用规律组织维修，充分发挥航空技术装备的效能。

总之，要从宏观和微观的角度同时对维修中的维修事故进行机理研究，建立行之有效的维修安全管理系统，才能够减少或消除事故隐患，预防事故的发生。

6.4.2　加强维修安全监察力度

随着科学技术的发展，使用维护阶段航空装备维修安全工作的难度增大，传统安全工作的片面性和盲目性已不能适应航空装备发展的需要，必须有效提高维修安全管理的水平，充分发挥维修安全管理机构的安全监察职能。

目前，军队已经建立了相对独立的航空装备维修安全管理机构，高层主要突出决策功能，中层主要突出控制功能，基层部队主要突出执行职能，并重点体现安全监察职能。

机务大队设有维修安全管理组织机构（一般称为安全监察室）。其管理组织结构如图6-3所示。

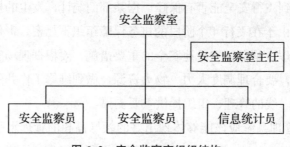

图6-3　安全监察室组织结构

安全监察室是机务大队维修保障和管理的安全监察部门，主要职责如下：

（1）督察机务大队维修法规制度落实情况。

（2）督察机务大队安全措施落实情况，及时发现安全隐患，并督促整改。

（3）检查机务大队各类维修计划制订情况。

（4）负责机务大队飞行安全风险评估。

（5）检查维修人员岗位资格认定和岗位专业能力考核情况。

（6）查处违章违规问题。

安全监察室定期组织质量安全宣讲，定期进行安全规则的学习和考核。遇到特定检查或者重要保障任务时，进行安全教育工作。

安全监察室在维修日和飞行日，进行现场维修作业安全检查，定期对中队、修理厂维修设施状况进行检查，定期对修理厂维修设施、设备进行安全检查，并在发动机试车、联合收放、拆装发动机、装挂弹药、实弹校靶、拆装弹射座椅和座椅打火试验等重要工作时，监察专业队长以上干部在现场检查组织及复查工作情况。

安全监察室还在每个飞行日检查专项质量检验工作的落实情况，定期抽查各级干部配套检查飞机情况和参加修理厂飞机定期检修工作情况。

安全监察室定期向大队主官提供维修作业人员维修作风、安全作业、维修法规落实状况的分析材料，找出在保证安全上的薄弱环节和危及安全的潜在因素，研究制定针对性措施。

6.4.3　完善维修安全报告机制

为了提高民用航空系统的安全性，尽量减少飞行事故和事故征候的发生，需要尽可能快速、准确地发现并改正系统存在的缺陷。已发生的差错、不安全事件恰好暴露了系统的缺陷，因此收集已发生的不安全事件信息并对其进行研究就具有重要的意义。然而，小的差错或不安全事件具有隐蔽、动态的特征，如果当事人不报告，其他人事后就很难发现。而由于人性的弱点，多数人出于害怕被处罚，或者害怕丢面子及民航"四不放过"的行规等原因，不愿意暴露自己的失误和错误。因此，失去了大量的信息和完善系统的机会。作为各级管理者要处理好信息收集与处罚的关系，完善航空安全信息系统，用以增加信息量。保密的航空维修安全报告系统可以最大限度地收集维修安全信息，及时发现航空维修中的安全隐患和薄弱环节，分析维修安全的整体趋势和动态，为航空维修安全管理提供决策支持。

维修安全报告可分为强制性报告和自愿报告。其中，强制性报告是根据制定的飞行事故征候标准，按照标准规定的要求，由行政渠道上报最高安全部门。报告间隔时间根据实际情况制定。

自愿的安全报告制度是一种自愿的、保密的、免责的报告制度。其具有以下特点。

（1）自愿性：报告完全是报告人的自愿行为，自愿性是信息可靠性的保证。

（2）保密性：飞行安全管理部门对报告中涉及的个人识别信息保密。实施保密性原则的目的是避免对报告人及报告涉及的组织或个人造成不利的影响，最大限度地消除报告人害怕被处罚、丢面子、影响提职、影响评奖及怕影响集体荣誉的心理。飞行安全管理部门通过严密的工作程序实现保密的目的。飞行安全管理部门收到报告后，将个人信息返回或销毁，删除报告中各种个人识别信息后交专家分析处理，报告处理完毕将销毁原文字报告，去除识别信息的报告和专家分析报告存入数据库。识别信息包括报告者姓名、日期、地点、涉及人员、涉及单位等可能识别出所涉及人员的身份和单位的信息。

（3）非处罚性：飞行安全管理部门系统受理的报告内容既不作为对报告人违章处罚的依据，也不作为对其他所涉及人员和涉及单位处罚的依据。由于飞行安全管理部门所存储的数据不包括任何个人与单位的识别信息，因此其受理的报告不可能作为诉讼、行政处罚及检查评估的材料。

维修安全报告收集到的信息都是基层的第一手维修安全信息，我们要充分发挥维修安全报告信息优势，发现维修中存在的问题，将事故隐患消灭在萌芽状态。

6.5　航空维修差错预防案例

2021 年 12 月 22 日，一架涂装为美联航快运的 ERJ-145LR 型飞机在美国亚利桑那州金曼机场进行发动机全功率试车时，因维修人员忘记设置机轮刹车，飞机猛烈冲出，撞上地面两辆车辆，导致一人严重受伤、飞机损伤的航空维修地面事故（图 6-4）。

图 6-4　忘记设置机轮刹车的维修事故

航空维修差错预防是航空维修管理的一部分，维修差错预防就是根据维修工作内容和时机，找出那些容易发生维修差错的环节并采取针对性的维修预防措施。

飞机发动机试车历来都是一个高风险、高技术含量的工作，多年来因为发动机试车出现差错的事故不少，甚至有些导致人员伤亡、发动机报废等严重事故。发动机试车工作十分有必要建立起航空维修差错预防措施，来确保发动机试车工作的顺利、安全进行。

民用航空器的地面试车的规定如下。

1. 试车地点的选定

（1）一般情况下，航空器不应在停机坪试车。

（2）慢车测试和冷转测试，应在机场管理机构指定的位置进行。

（3）发动机慢车以上（不含慢车）试车应在试车坪或机场管理机构指定的位置进行，

并且应在机场管理机构指定的时间段内进行。

（4）试车机坪表面应无松散的石子或其他可能损坏航空器、发动机、螺旋桨或影响航空器系统正常运行的物体。

（5）发动机试车不应危及其他航空器和周围建筑物的安全。

（6）试车机坪上的雪、雪浆、冰等应清除到满足航空器安全运转的程度。机轮和轮挡接触的地面及附近区域内应无降低地面摩擦系数的积水、冰雪、油污等。

2. 试车前的准备工作

（1）试车人员应清楚试车的目的和内容。

（2）应按该型航空器维修手册或维修单位根据航空器维修手册编制的工作单（卡）的要求完成试车前的准备工作。

（3）对于多发飞机，试车前应同时检查所有发动机，并按启动要求进行地面准备。

（4）应确保起落架地面安全销和轮挡在位，慢车以上试车应使用试车轮挡。

（5）在启动发动机前，如果发现进气道、整流罩、螺旋桨等部位有冰、雪、霜，应按该型航空器维护手册的要求进行清除。

（6）为防止液锁，活塞式发动机启动前，应人工扳转螺旋桨；发动机启封试车之前，不应用倒扳螺旋桨的方法排除汽缸内的积油。

（7）试车地点靠近路口或滑行道时，应在靠近路口或滑行道的地方放置中、英两种文字的警告标志牌；夜间试车应在靠近路口或滑行道的地方放置地面红色警告灯设备，必要时增加道口警戒人员数量，试车位置应有泛光灯照明。

（8）确认消防设备合适、在位。

（9）下列情况时，不应启动发动机：

1）用易燃液体清洗过发动机，在易燃液体未蒸发干净之前；

2）人员登机或装卸货物；

3）对维修情况不明不能确定发动机及航空器各系统工作已完成，或发动机有故障，不能确定开车是否会对发动机造成损坏；

4）当风速超过试车风速的限制；

5）由于风沙、大雾等影响，能见度很低。

（10）如果在机场区域，需要联系塔台，经同意后方可开始启动发动机。

（11）当试车人员确保一切准备工作就绪后，应明确通知地面联络员"准备启动 X 号发动机"，在得到地面联络员"地面准备就绪，轮挡已挡好，警戒员已到位，X 号发动机可以启动"的回答后试车人员才可启动发动机。

3. 人员资格和职责

（1）联络员。

1）应具有维修人员上岗资格。

2）熟知该型航空器试车的进、排气危险区域和发动机运转时的接近与撤离通道。

3）应使用耳机与试车人员通话联络。无内话机的航空器试车时，应与驾驶舱试车人员建立有效联络，站在航空器试车人员能看到的位置，按指挥信号指挥试车。

4）试车过程中观察航空器及发动机的工作状态和有无异常情况，一旦发现异常情况及时通知试车员。

5）与警戒员保持联络。

（2）警戒员。

1）应具有维修人员上岗资格。

2）熟知该型航空器试车的进、排气危险区域。

3）负责观察试车区域内人员、车辆的活动情况。当有不安全情况发生时，应及时通知联络员，并采取相应措施。

4）警戒员的人数应根据机型和试车场地的环境确定，但不应少于一人。

（3）试车人员。

1）试车人员应持有维修人员执照——航空机械（ME），有相应机型的Ⅱ类签署，经过试车培训，并经运营人或维修单位授权。

2）试车采取双人员制度，其中至少应有一名试车人员，人员搭配应合理，在试车准备前，应明确各自的工作任务并应熟练掌握各种应急处置措施和程序。

3）试车工作由坐在驾驶舱左座位置的试车人员负责，右座位置应有一名维修人员负责读检查单并协助试车人员工作。

4）试车人员由于过度疲劳等原因提出不能操作试车时，不允许试车。

4. 试车过程中的安全措施

（1）试车时，航空器前轮应摆正，尽可能迎风停放，并应遵守各机型手册中有关试车风速限制及要求。

（2）试车时，应关闭所有舱门，撤走工作梯和与试车无关的工具、设备等。

（3）多发飞机试车时不应在未开车的发动机上工作。

（4）试车时，应打开航行灯和防撞灯，夜间试车还应打开机翼照明灯、发动机照明灯，并确保其处于良好工作状态。

（5）在试车过程中，应注意人员安全，噪声防护应符合相关规定。

（6）在试车过程中，发动机进、排气危险区域内不应有人员或车辆通过，不应放置其他设备。

（7）在试车过程中，与试车无关的人员不应进入驾驶舱，试车人员不应离开驾驶舱。

（8）只有在试车人员的指挥下，地面维修人员采取必要的安全措施后，才能按安全路线接近发动机，进行需要在发动机工作状态下才能进行的检查、测试和调节工作。

（9）发动机启动时，应按该型航空器维修手册中规定的启动程序进行。

（10）在试车过程中，试车人员应密切注意相关仪表指示、信号显示的变化及各种警告信息。当发现发动机运行参数接近规定的极限并仍有增加趋势或出现漏油、火警等不安全情况时，应立即实施紧急停车程序，查明原因，实施排故，故障排除后，才能再次启动发动机。

（11）试车时应认真阅读检查单，并严格按检查单操作，做到眼到、口到、手到。

（12）在试车过程中，进行下一步工作时，应充分考虑受影响的飞机、发动机、系统状况。

（13）做好试车过程中各系统性能参数的记录。

（14）停车前应按该型航空器维修手册中规定的程序进行冷车并接通辅助动力装置（APU）或地面电、气源。

（15）停车后，若发现喷管内有大量的烟或明火，应立即冷转发动机将其吹灭。

（16）下列情况时，不应扳转活塞式发动机螺旋桨：

1）汽缸头温度超过 80 ℃；

2）发动机未按规定加温；

3）点火开关未关；

4）螺旋桨下的地面有冰、雪、滑油等。

（17）活塞式发动机在试车时，应严格遵守大功率状态下的时间限制及盖好整流罩的要求。

（18）直升机试车时，如需提总矩，应按规定系留或加配载，并有驾驶员在座。

5. 试车结束工作

（1）应根据该型航空器维修手册的要求，完成试车结束后的恢复、检查工作。

（2）如实填写有关技术文件并签字。

（3）撤除警告标志牌、警告灯等警告设备。

思考题

1. 根据 SHEL 模型理论，在人为因素方面可以采取哪些措施预防航空维修差错？

2. 分组讨论预防航空维修差错应该从哪些方面采取措施？

3. 运用 SHEL 模型理论，参考航空器地面试车预防人为差错措施，拟制飞机收放起落架工作预防差错的措施。

【延伸阅读】

一锉一磨间的航空梦

方文墨是中航工业沈阳飞机工业（集团）有限公司钳工。25 岁，成为高级技师，拿到钳工的最高职业资格；26 岁，参加全国青年职业技能大赛，夺得冠军；29 岁，成为中航工业最年轻的首席技能专家。

方文墨改进工艺方法60余项，撰写技术论文12篇，申报技术革新项目20项，并取得了"定扭矩螺纹旋合器"等3项国家发明专利和实用新型专利。"定扭矩螺纹旋合器"提高生产效率8倍，仅人工成本每年就为企业节约100多万元；他改进的钛合金专用丝锥，提高工效4倍，每年节约人工成本和材料费46万余元。

　　方文墨出生在一个航空世家。姥姥、姥爷、爸爸、妈妈都是中航工业沈阳飞机工业（集团）有限公司职工。从年少时起，父辈传承的航空报国情怀，就在方文墨心里深深扎根。而厂区里，试飞的战斗机一次次呼啸着划破长空，那鹰击长空的豪情，更是让方文墨萌发了亲手制造战斗机的念头。2003年，方文墨以全班第一的成绩从沈飞技校毕业后，被分配到沈飞民品公司加工卷烟机的零件。眼看着造飞机的梦碎了，伤心欲绝。方文墨的母亲回忆说，当时儿子哭了好几个月，她安慰方文墨说，"你好好干，是金子在哪儿都会发光。"10多年来，方文墨一头钻进钳工世界，一锉一磨地打造自己的梦想。几年内购买了400余本专业书籍，整理了20余万字的钳工技术资料。

　　双手是创造和灵感的源泉，为保证手掌对加工部件的敏锐触觉，他每天都用温水浸泡双手20分钟，以去掉手上的茧子；大个头的他喜欢打篮球，但怕手受伤，不得不忍痛远离篮球；有一斤酒量的他，为避免工作和比赛时手发抖，索性把酒彻底戒掉。手掌虽然细腻，但方文墨的手背、小臂伤痕累累。一块铁疙瘩放在方文墨手里，他边打磨边拿捏，就能知道加工成合格零件还差多少、差在哪里。

　　钳工是机械工人中的万能工。在很多人看来，钳工枯燥乏味，又苦又累。但在方文墨眼里，钳工岗位是一个充满艺术灵感和生命活力的小世界。"通过打磨、加工，会赋予冰冷的零件以温度与情感，每当一个半成品零件加工完成后，我都觉得给了它第二次生命。"方文墨说。钳工好比武术中的剑客，"站桩"练习漫长而辛苦。为了练就精湛技艺，方文墨把绝大多数时间用来"练功"。有同事不解地说："大墨，别装了，咱再怎么练不也就是当个工人吗？"听了这话，方文墨总是认真地说："我就是当工人的料，但我要当最好的工人，做中国最好的钳工。"

　　他能把零件打磨出相当于头发丝二十五分之一的精度，他想做中国最好的钳工。方文墨在机床前站定，随手拿起一个半成品零件，顺着打磨头缓缓移动，"嘶啦啦"溅落一片金黄色碎屑。他举起零件仔细端详，转身来到机器上继续打磨……十几分钟后，4个外形毫无差别的零件整齐码放在工作台上，加工公差为0.003 mm。这个精度仅相当于头发丝的二十五分之一，超过了自动化程度很高的数控机床所能加工的精度，被命名为"文墨精度"。

　　方文墨不仅能把钳工的活干得很漂亮，对图纸的设计和工艺流程，他也很精通。钳工的工作看似简单，但就像一个下棋高手，方文墨在下一步的时候，就已经想好了10步以后怎么走。下刀以后，他就不会让任何工件报废。一次，安装电缆的铜接头在加工时遇到了麻烦。加工时需要在接头上打一个1.4 mm的小孔，产生的铜屑不能有丝毫留在零件里；否则就会引起飞机的电路短路。

方文墨反复研究后发现原本的加工方法是正确的，但是模具的设计和工艺存在问题。于是，他一遍遍琢磨，对铜接头的工艺流程进行了 3 项改进，改进后不仅解决了杂质的麻烦，工作效率也提高了 4 倍。方文墨的工具台上，摆放着他发明的各种各样的工具。一个造型像海陆巡航坦克的小家伙，叫精度测量仪，灵活的小型机械臂使得测量更为简便，精度也大幅提高。这个发明不仅获得了国家专利，而且在沈飞广泛推广使用。

　　方文墨在业内早已是声名远扬。有一家民营企业，开出几十倍于他的收入的薪资邀请他加盟。面对诱惑，他也犹豫过。但他想起父亲曾对他说，"虽然咱们是工薪阶层，但咱们必须给航空人争脸。"于是，方文墨拒绝了诱惑，继续留在沈飞工作。方文墨的父亲在沈飞工作了 30 年，是厂里多年的工人劳模。他常跟方文墨说："咱们的工作是'一手托着国家财产，一手托着战友生命'，这不仅是一份荣耀，更是一种责任。"如今，方文墨的待遇已经大幅提高，中航工业每月还给他 5 000 元的专家补贴。遗憾的是，在文墨事业越来越顺时，父亲却不幸患上了胰腺癌。弥留之际的父亲给方文墨留下了这样的话，"我选择的这条道路是对的。我也是在守卫着祖国的一寸边疆，我觉得自己很自豪！"

　　大国工匠，为国铸剑。像方文墨这样为我国航天事业默默奉献的人还有许多，他们都是真正的大国工匠。祖国终将回报这些为国奋战的工匠，人民也终将铭记这些无私奉献的英雄。

　　我国要缩小与发达国家航空工业的差距，保证制造高精度、高质量、高效率，亟须大量一流水准的技能人才。从 0.1 mm、0.05 mm，再到 0.02 mm、0.003 mm，方文墨不断缩小零件加工公差的刻度，更将不断磨砺、提升作为航空蓝领青年的人生精度与无悔追求。他常说：精度决定高度。在这样的信念支撑下，他对自己提出的技术标准严格得近于吹毛求疵。学无止境尚需一生追求，梦比天高更要脚踏实地。只要心中有梦，逐梦动力就会源源不断；只有放飞梦想，才能在时代的大潮中肩负起建设现代化航空事业的使命，为实现航空梦、中国梦奉献青春和汗水。

飞机维修 APS 理论在预防航空维修差错中的应用

【学习目标】

【知识目标】

（1）了解飞机维修系统运行水平的度量标准。

（2）理解飞机维修 APS 理论的定义和模型。

（3）掌握飞机维修 APS 理论的内容、内涵和运行特征。

【技能目标】

（1）能运用四面体模型阐述飞机维修 APS 理论体系。

（2）能熟练运用飞机维修 APS 理论预防航空维修差错的工作流程。

【素质目标】

（1）树立正确运用飞机维修 APS 理论的科学态度。

（2）增强"100-1=0"的航空安全理念。

7.1 维修系统运行水平的度量标准

【情境导入】

飞机维修是技术和人才密集型产业，是航空公司安全运行管理链条上至关重要的一环。2014 年 5 月，中国南方航空公司根据自身发展情况以及在维修实践中的不断探索，提出了飞机维修 APS 理论。APS 理论通过生产有准备、施工有程序、工作有标准 3 个直接抓手，将各项日常维修工作中的标准步骤和工作要求用统一的形式描述，用来指导日常维修工作。多年的实践表明，APS 理论是一套行之有效的维修管理方法，是维修系统坚持理论创新、管理创新和技术创新的一项重要成果，彰显了中国民航的系统思维和创新精神。APS 理论提出了严谨的理论体系、明确的执行标准和清晰的实现路径，可以有效前移安全关口，推动飞机维修由"结果导向"向"过程控制"和"源头管理"转变，实现了精准管理、精细维修，使飞机维修更安全、更高效、更优质，已在中国民航维修系统推广应用。那么什么是 APS 理论？它有哪些内涵呢？

【知识学习】

考查一个现代维修系统的运行水平，一般是从 5 个维度进行度量，分别是维修安全保障能力、维修质量、劳动生产率、维修成本和维修能力。

（1）维修安全保障能力是指一个维修系统应该具备必要的主客观条件，通过对航空器及其部附件的检查和维护，保证航空器持续适航；保证航班安全、正点；保证旅客生命、财产安全的能力。维修安全保障能力是维修系统的第一要务，一般采用等级事件作为评价指标。

（2）维修质量是指所实施的维修行为满足航空器运营人明确和隐含需求，使航空器运营人持续满意的程度。

（3）劳动生产率是指劳动者在一定时期内创造的劳动成果与其相适应的劳动消耗量的比值。

（4）维修成本包含直接维修成本和间接维修成本。直接维修成本是指机上的人工及航材（维修检查）、机下的人工和航材（发动机翻修、部件维修）；间接维修成本包含备件费用，发动机、地面支援设备及维修、工程、培训与 IT 服务等。

（5）维修能力是指为航空器运营人提供整体解决方案的能力。其可分为高（复合材料修理、发动机修理、结构修理、附件修理、加改装）、中（A 检、航线、排故）、低（飞机清洗、客舱清洁）3 种类型。

APS 理论借鉴上述 5 个维度对维修系统的运行水平进行综合度量。由于安全是维修工作的重中之重，所以在上述 5 个度量标准中，APS 理论突出强调维修安全保障能力这个维度，并将其作为理论精髓。

APS 是 Arrangement（准备）、Program（程序）和 Standard（标准）的英文首字母缩写。

7.2 APS 理论的定义和模型

【情境导入】

2020 年 1 月 15 日，A 航司 B737-800 飞机在起飞滑跑过程中因客舱及驾驶舱出现异味和雾气，机组中断起飞，导致航班延误。

事后调查发现：首先准备不到位，工作者未打印纸质 AMM 手册；其次施工不到位，工作者未完全看完并理解手册标准技术要求，按习惯性经验施工。

接到维修工作指令，分别要求用清洁剂和清水清洗左发和右发，而执行工作过程中只进行"两次清洗剂清洗发动机"，未执行"两次用清水清洗发动机"的步骤，且未执行"将发动机 N1 推至 60%~80%"的步骤，只进行双发慢车 15 分钟的测试工作，导致飞机起飞滑跑阶段，发动机推力增大，发动机内部的清洗剂残留物在高温的作用下雾化，随发动机引气进入空调系统，致使客舱和驾驶舱出现异味和雾气。

【知识学习】

7.2.1 APS 理论的定义

APS（Arrangement 生产有准备、Program 施工有程序、Standard 工作有标准）理论，是中国南方航空股份有限公司针对机队规模不断扩大、机型种类增多的同时，危险源管理存在薄弱环节导致安全隐患而提出的维修管理理论，其借鉴并涵盖了新中国民航业 70 多年维修实践过程中积累的机务工程条例、全面质量管理、适航管理条例、安全管理体系四个阶段性的代表成果和核心内容。

APS 理论是在完成维修任务所需生产准备、施工程序和工作标准的运行背景下，以人员、工具和技术相关运行特征为约束，对维修安全实施源头管理和过程控制的维修管理理论。APS 理论研究的核心问题是以维修安全为目标对维修差错进行管控。APS 理论的实施效果从维修安全保障能力、维修质量、劳动生产率、维修成本和维修能力等维度进行综合度量。

运行背景是 APS 理论在方法论上的创新，通过生产准备、施工程序和工作标准 3 个直接抓手来保证维修安全。国际民航组织对安全的定义：安全是一种状态，即通过持续的危险识别和风险管理过程，将人员伤害或财产损失的风险降低并保持在可接受的水平或其以下。APS 理论诞生于中国民航维修实践的一线，同样遵循该定义并进一步将维修安全作为自己的精髓。运行特征是 APS 理论的约束条件和内涵要求，指明了 APS 理论的实现路径。源头管理和过程控制是 APS 理论的切入点。度量标准是 APS 理论的考核指标，分成 5 个维度对维修系统的运行水平进行度量。

7.2.2　APS 理论的模型

APS 理论综合体现了系统论、信息论和控制论的主要思想，并且在实践过程中直接使用了系统工程、可靠性工程和 MSG-3 等针对性技术，具备坚实的理论基础。

从系统论角度来看，APS 理论研究的是维修系统在约束条件下的优化问题。这种优化既包括局部优化，也包括整体优化。局部优化指的是 APS 理论力图通过生产准备、施工程序和工作标准 3 个直接抓手来保证工程技术、生产控制、质量和培训等各个业务板块内部的运行优化；整体优化是在局部优化的基础上，打破各种维修业务类型、部门和工作岗位之间的壁垒，使参与维修运行的全部要素实现最优配置。

从信息论角度来看，APS 理论研究的是从信息采集到信息传输再到信息共享的整个过程，它是一个广义的通信系统，涵盖了某项维修任务和维修经验从一处传送到另一处所需的全部设备和人员。APS 理论的信息采集包括维修风险源辨识、风险评估和风险防控措施的制订及对历史上宝贵维修经验的继承；信息传输指的是通过现代化网络技术将信息采集的数据高效、精准地推送给目标受众，实现"给到的正是所需要的"；信息共享强调的是先进维修经验在中国民航的泛化，把优秀的维修经验固化下来，将处于不同地域、不同业务板块甚至不同航空公司的维修系统运行水平统一到同一个优秀标准上来。

从控制论角度来看，APS 理论研究的是以维修安全为核心目标的维修差错控制问题。APS 理论以维修安全为核心目标，以源头管理和过程控制为切入点，对诱发维修差错的各种行为进行约束，实现维修人员、飞机和企业运营绩效的整体闭环控制，使维修系统的运行输出在动态时变环境下保持平衡或稳定状态。基于 APS 理论的维修系统闭环控制框架如图 7-1 所示。

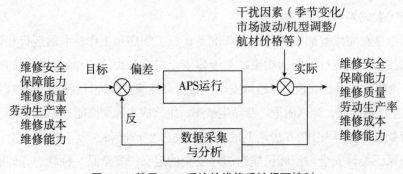

图 7-1　基于 APS 理论的维修系统闭环控制

另外，在具体的生产准备、施工程序和工作标准实施方法中，APS 理论使用系统工程技术对某个维修任务的构成要素、信息交换和反馈控制等功能进行分析和设计，使人（Man）、机（Machine）、料（Material）、法（Method）、环（Environment）即 4M1E 协调配合，充分发挥人力、物力的优势，实现维修组织行为的综合最优化；APS 理论使用可靠性工程技术研究如何预防机载部件故障、故障发生的过程以及故障发生后的修理与保障的普遍规律，其目的是使机载部件尽可能少地发生故障以及故障发生后能通过维修尽快恢复原有的功能；APS 理论还使用 MSG-3 技术研究维修方案以及进行生产控制的优化，在飞机维修间隔的改变、定检工作包（维修组合）的优化和单个维修项目施工程序的改进等方面都会用到 MSG-3 技术。系统工程、可靠性工程和 MSG-3 等技术为 APS 理论的具体实践提供了直接支撑。

综上所述，APS 理论建构在系统论、信息论和控制论的主要思想之上，直接使用了系统工程、可靠性工程和 MSG-3 等技术，具备坚实的理论基础，并外化成全面生产准备、优化施工程序、规范工作标准 3 个直接抓手，旨在保障维修安全、提高维修质量和劳动生产率、降低维修成本、拓展维修能力，形成了一套完整的理论体系。

APS 理论体系可采用"正四面体模型"来表达，具体形式如图 7-2 所示。

APS 每个特有的"面"，即全面生产准备、优化施工程序和规范工作标准，都包含宏观和微观两个"层"。宏观层面强调的是管理与规划；微观层面强调的是技术与操作。APS 理论模型的展开效果如图 7-3、图 7-4 所示。

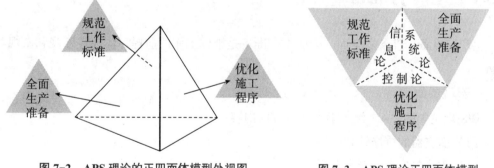

图 7-2　APS 理论的正四面体模型外视图　　　图 7-3　APS 理论正四面体模型

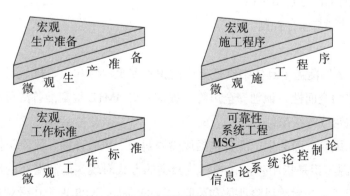

图 7-4　APS 理论正四面体模型分层展示

7.3 APS 理论的内容

2018 年 6 月 8 日，某航空客 321 飞机执行调机，飞机航后检查发现左发动机左侧反推平移门有 3 处损伤，最大损伤尺寸超标。在拆下该反推平移门后发现一反推格栅撕裂丢失。

事后调查发现，该机在完成 C6 检工作期间，车间人员在不具备相关技能和经验、无工卡或手册指引的情况下擅自拆下并安装反推格栅，固定螺钉没有拧紧，致使反推格栅螺杆安装不到位，之后该工作者也未按要求与后续人员进行书面工作交接，工作结束后复查不到位。在飞行过程中因振动导致螺钉松脱，反推格栅在气流作用下吹开撕裂脱落。

【知识学习】

7.3.1 生产有准备

生产有准备，准备要全面。全面生产准备是维修工作的前提，体现在宏观和微观两个层面。

1. 宏观层面

APS 理论中的"A"涵盖下列 4 个方面内容：

（1）航空器的维修计划；

（2）维修单位生产能力分析；

（3）合理的工作分解结构；

（4）航材计划与库存控制。

2. 微观层面

APS 中的"A"覆盖了具体维修任务中的识别安全风险和人、机、料、法、环，体现了生产准备工作的全面性。识别安全风险，提前做好 4M1E 生产准备，可有效避免由于忙乱引发的人为差错或等级事件。

在识别安全风险方面的生产准备包括风险源辨识、风险评估、风险防控。

（1）风险源辨识是指用感知、判断或归类的方式对现实的和潜在的风险事件或因素进行鉴别的过程，它是后续风险评估和风险防控的前提。APS 理论在微观准备层面特别强调风险源辨识的完备性。

（2）风险评估旨在建立一套维修系统安全风险评估的指标体系，在风险源辨识的基础上，具体分析当前维修任务面临的安全状态和隐患情况，建立能够综合反映其属性的技术指标，为后续开展风险防控奠定基础。APS 理论在微观准备层面特别强调风险评估的准确性。

（3）风险防控是在风险评估的基础上，对现实的和潜在的风险事件或因素及时采取针对性的措施加以控制和预防，它是风险管理过程的最终输出环节。APS 理论在微观准备层面特别强调风险防控的有效性。

3. 4M1E

在 4M1E 方面的准备包括人、机、料、法、环。

（1）人：维修人员的资质和能力准备、数量准备、人员种类准备、人员状态（生理 / 心理状态）良好等。

（2）机：工具、设备、梯子、台架、保护设备等项目。重点考察设备、设施的可获得性和可用性。

（3）料：航材、耗材（机物料）及化工品等。料的准备分为显性和隐性两个方面，其中显性部分是工卡 / 手册中明确提到的项目；隐性部分是对非例行工作进行准备。"料"的准备难点是对非例行项目进行分析和准确预测。

（4）法：技术文件、手册法规、应急程序等。技术文件包括现行维修手册，如 AMM/SRM/IPC/WM/TSM/EO 等；手册法规包括工程手册 / 修理站手册 / 质量手册等；在开展一些特殊工作前，如加油、抽油、试车、喷漆等具有消防风险的工作，应进行应急程序的准备。

（5）环：首先明确开展维修工作的地点，如机坪、车间或者机库；其次考察该地点是否具备开展维修工作的必要条件，如水、电、气、照明等。在开展特殊类型维护工作，如喷漆、复合材料修理、补油箱等有温 / 湿度、通风要求的工作前，必须确认环境是否满足工作要求。

全面生产准备的特点主要体现在两个方面。第一，流程平顺。良好的生产准备会促进生产过程的平稳、顺畅、可控，降低生产过程中发生不可控事件的概率。第二，资源节约。APS 理论的生产准备过程是在一定资源约束条件下的优化结果，而资源约束条件包括资金、场地、时间等。对于一些使用频次较低且占用大量资金或空间的工具、设备、航材等，可以采取渠道准备替代实物准备。

7.3.2　施工有程序

施工有程序，程序要科学。施工有程序是 APS 理论的关键技术，APS 理论主要是通过优化工作流程和规范操作步骤来提升维修的科学性。

（1）宏观层面。施工有程序旨在解决维修方案和生产计划控制的整体优化问题。

（2）微观层面。施工有程序旨在解决维修任务组合和单个维修项目的具体优化问题。

针对某一具体的维修任务，通过合理安排工序、时序可以有效减少维修过程中因资源冲突所造成的浪费，避免维修差错。维修资源包括工作场地（如驾驶舱、货舱等）、公共资源（如工具、设备、梯子、台架）和清洁等通用工种。在机队规模大、机型种类多、执管分散的情况下，同一项维修工作因作业人员文化程度、维修技能水平不同导致操作步骤不尽一致。通过总结归纳系统内的优秀维修经验，编写 APS 施工文件，统一规范操作步骤，并推广到全系统，从而实现"一个公司、一个系统、一个标准"，确保维修质量统一保持在高水准。

为确保"施工有程序"在微观层面顺利落地，需要着重解决两个问题：一是强调执行到位，维修工卡、技术手册中标准的施工作业程序需照章执行；二是强调检验复查，对于容易重复发生等级事件的维修项目，设定监督复查环节，让授权人员进行复查验证。

7.3.3　工作有标准

工作有标准，标准要规范。工作标准执行到位与否，直接影响最终的维修结果，也体现在宏观和微观两个层面。

1. 宏观层面

维修系统需要建立符合自身特点的闭环控制架构，而在宏观层面指的就是构建现代维修质量管理体系。

2. 微观层面

针对某一具体的维修项目，特别是高风险维修项目，应该建立具备较强针对性的工作标准，并在实际运行中贯彻和动态提升该标准。

微观层面的标准涵盖以下 3 个方面：

（1）建立标准。APS 理论的工作标准主要有两个来源，即手册标准和实践标准。首先使用手册中的明确标准，如系统维修人员的操作标准就是 AMM、ATA20 中的标准程序。修理人员的操作标准就是工艺和航材规范（PMS）等。手册未提供明确标准的操作、施工，则要通过评估、拍摄或数据采集等方式制定出实践标准，如飞机清洁、客舱修理等，此类实践标准是维修单位的宝贵经验。

（2）贯彻标准。建立标准后，进行统一培训，消除因地域、人员素质差异产生的工作标准差距，尽量避免师徒传授等相对狭隘经验的缺陷。

（3）提升标准。APS 理论的工作标准需要根据运行评估的结果和技术进步不断修订。工作有标准重点考虑以下 3 个方面：一是对于已明确标准的维修工作，如工作单卡、

AMM 手册等，需要严格按标准工作；二是对尚未明确标准的维修工作，需要结合实际研究建立标准；三是需要持续监督工作标准的执行情况，避免引发人为差错或等级事件。

特别指出，应用 APS 理论首先需要对整体工作进行梳理，保持思路清晰，研判风险或需要关注的特别程序，然后进行 APS 3 个方面（生产准备、施工程序和工作标准）的审核和完善，再按照"施工→评估→完善后续工作"的闭环路径开展相关工作，促进业务水平不断提高。APS 理论的内容示意如图 7-5 所示。

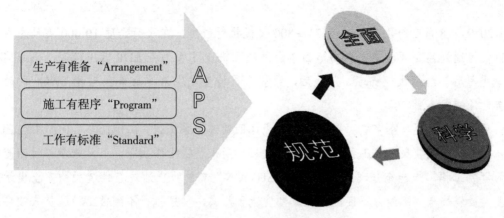

图 7-5　APS 理论内容示意

7.4　APS 理论的内涵

【情境导入】

2019 年 8 月 2 日，某航波音 737-800 飞机执行航班，在飞行高度 10 000 英尺左右，飞行机组通过甚高频通信电台向地面塔台反映飞机液压 A 系统 EDP 低压灯亮，机组按检查单处理后，继续执行航班。落地后，维修人员检查发现 A 系统剩余油量 16%，同时左发有大量液压油漏出。

事后调查发现，在完成"更换—EDP 壳体回油滤—系统 A"工卡任务后，A 系统 EDP 壳体回油滤组件装反了。工作者工作经验欠缺，尚未获得维修执照，且从未参与过油滤组件的拆装工作，未能充分理解手册中"CAUTION"有关防止油滤组件装反的安全提示，作业人员资质与实际能力不匹配，规章制度流于形式，程序执行不到位。检验员未按要求全程监控油滤组件拆装过程，且未对 A 系统 EDP 壳体回油滤区域的油液渗漏情况进行检查，就在工卡上盖章，作风不严谨。

【知识学习】

站在维修安全的角度，APS 理论呈现出显著的"梯度"特征。概括地说，APS 理论既是一种理念，也是一种模式，还是一套标准。APS 理论通过理念、模式和标准 3 个梯度来保证维修安全。需要强调的是，APS 理论最显著的优势是从维修实践中凝炼和总结出来的，通过实践的检验是 APS 理论的天然属性。

7.4.1　宏观：一种理念

将 APS 理论看作一套管理策略应用于企业的宏观管理，此时 APS 就是一种理念。理念强调引领性，APS 理念是着眼于维修系统的全局，通过严格规范行政管理、切实加强工程管理、大力推动科学维修、促进维修平台升级、不断完善基础建设和队伍建设、有效控制维修成本，实现以下目的：

（1）保障维修安全；

（2）提高维修质量；

（3）降低维修成本；

（4）塑造优秀文化。

APS 理论的核心理念如图 7-6 所示。

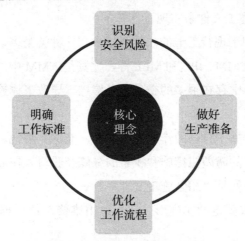

图 7-6　APS 理论的核心理念

在 APS 理念指引下，维修系统在做重大决策之前要求把准备工作放在第一步，不做无准备之事；在决策过程中严格程序、规范标准，坚决剔除工作中的盲目性和随意性。

APS 宏观管理的一个重大转变是从结果管理转向过程管理。结果管理的特点是时间短、见效快，但不是治本之策；过程管理的特点虽然是时间较长、见效较慢，其间存在由量变到质变过程，但能够从根本上解决维修安全问题。过程管理注重实施基础性建设，全面涉及工程技术、生产控制、质量和培训等，所以基于 APS 理念，过程管理和源头管理将是整个维修系统宏观管理工作的发展方向。

7.4.2　中观：一种模式

将 APS 理论看作一套工作方法应用于维修系统的中观管理，此时 APS 就是一种模式。

模式强调先进性，因此，APS 理论中的模式特别注重先进维修技术、方法和手段在维修工作中的运用。

通过在中观层面运行 APS 模式，达成 APS 理论的核心理念：

（1）识别安全风险；

（2）做好生产准备；

（3）优化工作流程；

（4）明确工作标准。

7.4.3　微观：一套标准

将 APS 理论看作一套作业指南应用于一线维修工作的微观管理，此时 APS 就是一套标准。在微观层面，APS 理论聚焦技术与操作，注重的是明确、具体和与时俱进，这一点主要是通过一系列 APS 施工文件来实现。

APS 施工文件是区别于现行工卡的。维修技术文件种类繁多、内容庞杂，一线维修作业人员需要掌握 AMM、CMM、IPC 和 MEL 等，尤其是 AMM 中的标准施工和安全提示。在维修过程中，由于工卡中存在很多的交叉参考信息，导致工作连续性不佳，工作效率下降，工作者也常常对此抱怨，甚至有些人简化程序，凭经验作业，导致发生差错。所以，维修人员需要有新型的、属于自己的作业指导文件，能够完整地、准确无误地指导工作，也就是说要把技术手册中的防差错措施和积累的维修经验写入作业指导文件中并且以图文并茂的形式呈现出来，这就是"APS 施工文件"。

APS 施工文件不要求固定的实现形式，可以由维修单位根据实际情况采用任意的纸媒、光盘或者电子介质。

进一步扩展来看，局方要求航空公司以 CCAR—121 规章为依据编写工程手册，各维修单位以 CCAR—145 规章为依据编写维修管理手册。工程手册或维修管理手册明确了维修单位各级人员和各个部门的工作职责与适航性责任，以及维修作业中的程序和标准，但这些内容是一线工作者在实际工作中不容易看到的。因此，为了明确在一线维修工作中需要遵守的管理要求和标准，迫切需要建立一套新型的作业指导文件，并把管理手册中的防差错措施也纳入其中。APS 施工文件正是一线工作人员需要的、维修单位需要的、维修行业需要的技术文件。这种技术文件弥补了现有文件体系存在的缺陷，是一线人员实用的作业指南，而且符合国际上的行业发展趋势。

标准强调可操作性，APS 标准是一套指导民航维修实践活动的施工文件，通过微观层面的标准化操作，推动：

（1）健全安全管理，提高持续安全能力；

（2）健全生产管理，提高运行保障能力；

（3）健全质量管理，提高运行可靠水平；

（4）健全技术管理，提高解决问题能力。

7.5　APS 理论的运行特征

2019 年 6 月 22 日，某航货机在执行国际航班时，飞机起飞后前起落架不能收上，飞机返航，落地后检查发现前起落架安全销未拔出。

事后调查发现，因需要更换 6 号主轮，插了 5 根起落架销（前起 1 根，左、右主起各两根）。换轮工作完成后，工作者移除起落架销时，只拔了主起落架位置的 4 根，遗漏了前起落架销未拔，并将 4 根销子放回驾驶舱。该事件反映出维修工作者工作不细致，没有严格执行工卡，放行人员未按要求进行三清点，而送机人员未认真绕机检查，工作敷衍，作风散漫，工作交接不认真。

【知识学习】

7.5.1　运行背景

APS 理论将贯穿维修任务生命周期的"生产准备、施工程序、工作标准"作为维修管理的运行背景。

维修管理的运行背景是一个文化或制度框架，并在此背景环境之下保障安全运营和经济效益。将运行背景作为 APS 理论的第一条特征，具有以下几点论据：

（1）这就是维修系统应该做的工作；

（2）这就是维修系统向维修人员提出的要求；

（3）这就是全体维修人员应具备的能力；

（4）这就是培养卓越维修人才的自然背景环境。

维修从业者都应该明确"生产有准备—施工有程序—工作有标准"是在服务民航维修工作中应具备的个体特征。

一般的机务维修任务运行生命周期不是 APS 理论的运行背景，而将维修任务运行生命周期中的全部技术和管理要素合理划分之后的生产准备、施工程序、工作标准才是 APS 理论维修管理的运行背景。这彰显了中国民航维修系统的创新精神和系统思维。换句话说，APS 理论体现了对维修管理工作的最新认识，是对既有宝贵维修经验的凝练与升华，是在目前中国民航维修管理现状基础上进行的创新探索，另外，APS 理论并没有增加维修系统和维修人员的额外工作量。在这样的运行背景下，实践 APS 理论，有助于提升维修系统安全保障能力，有助于维修人员主动地、实践地、系统地增强安全意识，提高业务能力，包括保障航空安全意识、个人服务企业意识及专业知识技能、终身学习能力、团队沟通协作能力，营造卓越维修人才的成长环境。

APS 理论的运行背景与通用的机务维修任务生命周期运行之间的关系，如图 7-7 所示。

图 7-7　APS 理论的运行背景与通用的机务维修任务周期运行关系

依据 APS 理论运行特征（1），实施 APS 管理需要思考下列两个主要问题：

一是维修单位的管理目标在多大程度上反映 APS 的原理，即是否将"生产有准备—施工有程序—工作有标准"作为维修管理的运行背景？

二是维修人员的思想意识和技术操作在多大程度上把 APS 理论作为自己维修行为的指导？

7.5.2　APS 工具

目前主要推荐下列技术作为实践 APS 理论的辅助工具。

工具一：安全风险管理（SRM）技术。针对高风险维修项目，实施专项安全风险管理，采用前瞻性的方法来识别风险，对风险进行定量和定性分类，针对识别出的风险实施减缓措施并制定相应的监测程序，如顶升飞机、发动机试车等。

工具二：可视化管理。利用形象直观、色彩适宜的图表，快速准确地传递信息，形象直观地将潜在的问题和浪费显现出来，如现场工具行迹定位、现场功能分区、现场看板等。

工具三：6S 管理。即"整理""整顿""清扫""清洁""素养""安全"，是维修业务管理的基础性工作，如现场物品清理 / 定置、员工习惯养成。

工具四：大数据分析。用适当的统计和分析方法对收集的大量数据进行数值分析与特征提取，找出研究对象的内在规律即知识发现。在维修工作中通过积累、统计、分析，建立涵盖航材、工具、设备等信息的生产准备数据库，作为航材部门、生产支援部门的管理依据，这也是实现成本有效控制的重要依据，如航材必用 / 常用清单确定、航材订货等。

工具五：SDCA 循环，即"标准化、执行、检查、总结"模式，包括所有和改进流程相关的流程更新（标准化），并使其平衡运行，然后检查实施过程，以确保其精确性，最后做出合理分析和调整使过程能够满足愿望与要求。其目的就是标准化和稳定现有的流程。

7.5.3　一体化推进

一体化推进是一套实施方案，按照"点→线→面→体→文化"链条推动维修系统深度贯彻 APS 理论，使员工掌握 APS 的思考方法，按照"识别安全风险，做好生产准备，优化工作流程，明确工作标准"的步骤思考问题、解决问题，保证维修质量输出的稳定性，顺利达成安全生产目标。在具体实施过程中，首先设计出一系列旨在改善与维修业务直接相关的单项工作，即"点"级 APS；其次设计出一系列旨在改善某项维修任务、某个职能部门日常工作中提升维修质量、提高生产效率的"线"级 APS；再次设计出一系列旨在优化核心维修流程的"面"级 APS 和一套支持维修单位运营绩效持续提升的"体"级 APS；最后丰富和充实航空公司"企业文化"级 APS。

7.5.4　维修信息化

移动互联技术极大影响了民航维修系统的发展。APS 理论强调引入网络技术，构建统一的维修系统信息化平台，充分体现"互联网＋"的时代特征，这一点对于目前的维修工作极具实际意义。

伴随 APS 理论实践的深入开展，需要充分发挥互联网和移动终端等信息化技术的优势，便捷实现维修系统的信息采集、安全提示、远程录入及后方专家系统对一线维修人员的技术、信息支援等功能；将积累的宝贵维修经验数字化、可视化，实现信息互联互通、经验共享；运用信息化技术缩小不同维修单位之间维修能力的差距，促进不同维修业务板块甚至不同航空公司的协同发展，促进 APS 成果在中国民航内的共享共赢。

依据 APS 运行特征（4），实施 APS 管理需要思考的问题是：目前维修单位的信息化保障能力能否满足 APS 理论在实际运行中的需求？

7.5.5　APS 施工文件

某维修单位将生产准备、施工程序和工作标准各环节的关键步骤和核心生产应用转移到智能手机上。以工作者为中心，优化维修流程和相关信息精准推送，让工作者清晰地知道需要做什么，相关飞机的技术、运行状态，移动处理航材相关信息（库存查询／配送查询／签收操作／退库操作），工作现场处理故障开卡／故障处理／工时录入。在需要工作者录入数据的场合，自动获取数据或尽可能采用扫描／拍照方式，最大限度地为工作者提供方便，真正实现"一机在手，工作无忧"。系统功能界面如图 7-8 所示。

图 7-8　移动系统主页示例

1. 例行维护出入卡

通过智能手机，在生产计划部门安排相应工作任务后，工作者可以随时访问移动应用获知自己及整个班组当天的工作任务及工作进度，如图 7-9 所示；工作完成后，也可以第一时间输入与此次工作有关的工作内容和工时，极大提高了工作效率，也增加了工时数据的准确性和及时性，实现了"任务精确到人，进度随时掌控"。

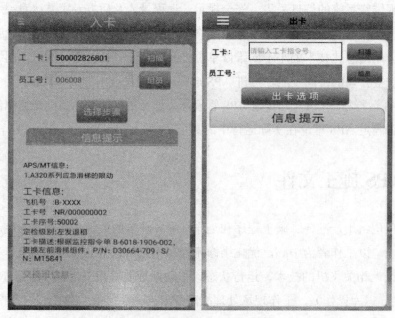

图 7-9　例行维护出入卡界面

2. 故障开卡

移动应用上线后，如图 7-10 所示，工作者可以方便地通过手机拍照的方式进行故障描述，反映部件异常信息，工艺组也能更及时地响应，并提供解决方案，实现"故障及时反映，方案迅速提供"。

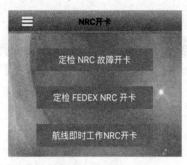

图 7-10　非例行故障开卡界面

3. 我的飞机

"我的飞机"模块直接把工作者需要关注的信息全都整合在一起，把所有需要保障的、即将到港的航班信息都推送给工作者，实现"给到的正是所需要的"，功能界面如图 7-11 所示。

图 7-11　"我的飞机"界面

工作者也可以订制需要关注的飞机。如图 7-12 所示，通过查看关注的飞机列表，方便地查看与此架飞机有关的工卡（清晰知道工作内容和任务分配）、交接班本内容（重点关注和关键的安全信息）、飞机凹坑图（配合外部检查，快速识别和评估飞机外表缺陷）、排班限制和保留清单（清晰了解飞机缺陷，便于采取针对性措施检查限动，以及与机组进行飞机技术状态交接）。

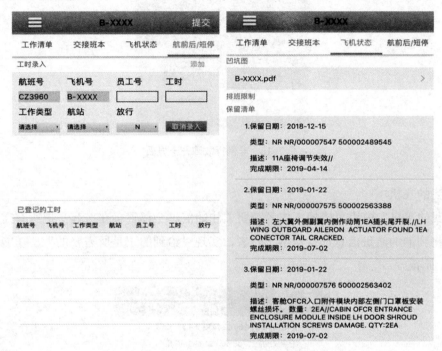

图 7-12　"关注飞机列表"界面

另外，此模块还提供工时填写、工卡关闭、部件拆装等功能。

4. 航材申请

通过"航材申请"模块，如图 7-13 所示，工作者可以查询航材库存情况并完成申请工作。航材仓库收到配送申请后，安排特定的运输车，定时把航材送到工作者附近区域。工作者可以实时查询配送进度，判断航材何时到达以更好地安排工作。航材送达后，工作者还可以选择整单签收或部分签收，对于没有使用完的航材，可以通过应用直接申请退库，实现了"维修无缝提速"。

截至 2018 年 12 月，移动应用功能已经在该维修单位大范围推广使用，系统用户将近4 000 人，约占公司总人数的 80%。目前大修 60% 的工卡是通过智能终端进行出入卡。下一步，工作者还将通过移动应用来实现工卡电子签署、手机放行、故障保修和客户订制服务等功能，促进维修信息化水平再上新台阶。

图 7-13 航材申请界面

7.5.6 运行评估

运行评估是一个对照 APS 理论前述规定的 4 条特征来评价一个维修单位，并以持续改进为目的，向一线维修人员、职能部门、管理者及利益相关者提供反馈的过程。按照维修安全保障能力、维修质量、劳动生产率、维修成本和维修能力 5 个度量标准来全面评价 APS 理论在某一个维修单位的运行质量。

运行特征（5）讨论的是通过收集数据来判断基于 APS 理论的维修管理结果是否达到了预期目标；APS 施工文件是否被有效地执行；是否合理地利用了资源；是否改进了维修单位整体运行绩效，是对 APS 实施进展情况和是否达到既定目标进行的一个总体判断。

运行评估的关键作用是确定 APS 理论实施的效果和达到预期目标的效率。评估过程所收集的数据可用于持续改善 APS 运行。

APS 运行评估的依据包括收集整理可靠性数据、各维修业务板块的总结报告、对客户的访谈、外部（局方）评审报告，以及对一线维修人员的跟踪研究 / 抽样调查数据等。评估结果可由部门主管 / 责任经理定期向一线维修员工、职能部门及利益相关者通报，这种反馈是不断更新和完善 APS 理论的必要手段。

1. 考查一个现代航空维修系统的运行水平，主要从哪 5 个维度进行测量？指出哪个维度是核心目标并阐述你对核心目标的认识。

2. 请画出基于 APS 理论的维修系统闭环控制图，并说明它的工作原理。

3. 请用思维导图的形式展现 APS 理论的内容。

4. 请谈一谈在实训或以后的工作中如何运用 APS 理论预防人为差错的发生。

【延伸阅读】

弘扬载人航天精神

2003 年 2 月 1 日，正值中国航天员大队选拔首飞梯队的关键时刻，美国"哥伦比亚"号航天飞机在重返地面的过程中突然解体，7 名宇航员罹难。大家都在为中国航天员的心理承受能力感到担心，但是意想不到的是，第二天，航天员大队党支部收到了全部参训的 14 名备选航天员递交的请战书，他们一致要求争当首飞第一人。最后，杨利伟脱颖而出，成了中国第一位航天员。中国的载人航天事业是在艰苦环境下开展的，航天人特别能吃苦、特别能奉献，不求名利，舍家为国，甚至是流血牺牲。

在会见天宫 2 号和神舟 11 号载人飞行任务航天员及参研参试人员代表时，习近平总书记指出："我们注重传承优良传统，发扬特别能吃苦、特别能战斗、特别能攻关、特别能奉献的载人航天精神，彰显了坚定的中国特色社会主义道路自信、理论自信、制度自信、文化自信，为坚持和发展中国特色社会主义增添了强大精神力量。"

载人航天工程是当今世界高科技发展水平的集中体现，是衡量一个国家综合实力的重要标志。20 世纪 90 年代，面对日趋激烈的世界军事、科技竞争，为了能够在高技术领域占有一席之地，追赶世界科技发展潮流，党中央决定实施载人航天工程。广大航天工作者响应号召、牢记使命、不负重托，在长期的奋斗中创造了非凡的业绩，培育和发扬了特别能吃苦、特别能战斗、特别能攻关、特别能奉献的载人航天精神。主要体现：热爱祖国、为国争光的坚定信念，勇于攀登、敢于超越的进取意识，科学求实、严肃认真的工作作风，同舟共济、团结协作的大局观念和淡泊名利、默默奉献的崇高品质。

1. 热爱祖国、为国争光的坚定信念

发展载人航天事业是党和国家长期关注、高度重视的一项伟大工程，是国家大计、命运所在。航天工作者始终把人民利益当作最高利益，自觉把个人理想与祖国命运、个人选择与党的需要、个人利益与人民利益紧紧联系在一起，始终以发展航天事业为崇高使命，表现出强烈的爱国情怀和对党对人民的无限忠诚。从钱学森"祖国已经解放，我们该回去报效祖国了"，到孙家栋"国家需要，我就去做"、王永志"听党的话，跟党走，党让干什么就干什么，无论干什么都要干好"，再到戚发轫"国家事情再小也是大事，个人的事

情再大也是小事"，面对重重困难和严峻挑战，航天工作者响亮地喊出了"一切为了祖国，一切为了成功"的口号，这是一代代航天人奋发图强的见证。

2. 勇于登攀、敢于超越的进取意识

"世上无难事、只要肯登攀"在载人航天工程中得到了最好的印证。我国载人航天起步比世界航天大国晚40年，"怎样在人家的飞船上天几十年之后，我们做出一个飞船来还能振奋人心呢"，这是我国航天工作者需要回答的课题。航天工作者知难而进、锲而不舍，攻克了飞船研制、运载火箭的高可靠性、轨道控制、飞船返回等国际宇航界公认的尖端课题，在一些重要技术领域达到了世界先进水平，形成了一套符合我国载人航天工程要求的科学管理理论和方法，创造了对大型工程建设进行现代化管理的宝贵经验。航天工作者用11年时间跨越了发达国家几十年走过的历程，把只有极少数大国才有能力研究建造的载人航天系统变成现实。一系列关键技术的突破，使我国在世界高科技领域占有了一席之地。我国航天事业所经历的坎坷与辉煌，记录着中华民族在历史大跨越中的自强、自信与自豪。

3. 科学求实、严肃认真的工作作风

"成败系于毫发、质量重于泰山"用在载人航天工程最恰当、最贴切。载人航天是当今世界最具风险的高科技实践活动，空前复杂的载人航天工程能够在较短时间里不断取得历史性突破，是与航天人的严谨细致、科学求实、严肃认真的工作作风分不开的。航天人始终把确保成功作为最高原则，始终秉承周恩来总理提出的"严肃认真、周到细致、稳妥可靠、万无一失"的16字方针，始终坚持"组织指挥零失误、技术操作零差错、产品质量零隐患、设备设施零故障"的高标准和飞行产品"不带问题出厂，不带隐患上天"的严格要求。历次神舟飞船发射任务，酒泉卫星发射中心都要对测试厂房8 000多个插头、火箭系统1 160个对接插头、412件火工品逐一检查核对3遍以上，做到"不下错一个口令，不做错一个动作，不减少一个项目，不漏掉一个数据，不放过一个异常现象"。自神舟一号发射成功20多年来，中国载人航天创造了一个又一个奇迹。

4. 同舟共济、团结协作的大局观念

"千人一枚箭、万人一杆枪"是对载人航天工程的形象描述。载人航天工程是我国规模最大、系统组成最复杂、技术难度最高、协调面最广的工程，直接承担工程任务的科研院所有100多家，如果算上协作单位，共有十几万人参与工程。依靠社会主义制度集中力量办大事的显著优势，全国数千个单位、十几万科技大军自觉服从大局、保证大局，坚持统一指挥和调度，做到举国一盘棋，凝聚成气势磅礴的强大合力。从神舟一号到神舟14号，每一次巨大成功、每一次历史性突破，靠的是全国大协作所产生的伟大力量和新型举国体制的巨大优势。如果没有同舟共济、团结协作的大局意识，没有协同创新、集智攻关，这项复杂的科技工程的运转是无法想象的。毫不夸张地说，我国载人航天工程是充分发挥社会主义制度能够集中力量办大事的政治优势和军民融合发展的优秀典范。

5. 淡泊名利、默默奉献的崇高品质

"干惊天动地事、做隐姓埋名人"是航天工作者的真实写照。我国载人航天事业的辉煌成就，凝聚着我国几代航天人的艰辛和奉献。他们不计个人得失，不求名利地位，飞船系统总体主任设计师张智曾多次拒绝高薪聘请，他说："看到中华民族的飞天梦在我们手中一天天变为现实，这样的自豪与喜悦哪里是金钱能够衡量的！"很多科研工作者守住清贫、甘于寂寞、默默无闻，他们以苦为乐，无怨无悔，为航天事业奉献了青春年华和聪明才智，有的甚至献出了宝贵生命，书写了许多可歌可泣的感人事迹。在西北戈壁深处有一座东风烈士陵园，从元帅、将军到普通官兵、科技工作者，760多名为祖国航天事业献出生命的烈士在这里长眠，平均年龄不足27岁。他们用无怨无悔的坚守和付出，在平凡的岗位上书写了不平凡的人生华章。我们要大力倡导这种爱国奉献精神，使之成为新时代奋斗者的价值追求。

伟大事业孕育伟大精神，伟大精神推动伟大事业。载人航天精神是在改革开放和社会主义现代化建设时期，中国共产党领导和实施载人航天工程过程中培育与形成的革命精神形态，内涵十分丰富，与其他革命精神一脉相承，是中国共产党精神谱系的重要组成部分。载人航天精神蕴含着深厚的红色基因和革命传统，是教育引导广大青少年树立正确的世界观、人生观和价值观的重要红色资源。

附录1 《民用航空器事故征候》

MH/T 2001—2018

1. 范围

本标准适用于民用航空器（以下简称航空器）运输航空严重事故征候、运输航空一般事故征候、运输航空地面事故征候和通用航空事故征候的确定。

本标准不适用于执行国家抢险、救灾、航空体育运动、个人娱乐飞行、取得单机适航证之前的试飞等特定事由的航空器的事故征候确定。

本标准不适用于航空器非法飞行或蓄意破坏等情况。

注：非法飞行是指除超轻型飞行器之外的航空器，从事国家法律法规禁止的民用航空飞行活动，符合下列情形之一：

a）航空器未进行国籍登记或未取得适航批准的；

b）航空器驾驶员未取得执照、体检合格证书的；

c）航空器运营人未取得经营许可或运行许可的；

d）飞行任务和飞行计划未取得空中交通管理部门批准的。

2. 术语和定义

下列术语和定义适用于本文件。

2.1 航空器运行阶段　aircraft operation phase

从任何人登上航空器准备飞行起至飞行结束这类人员离开航空器为止的过程。

2.2 飞行时间　fight time

航空器为准备起飞而依靠自身动力开始移动时起，至飞行结束停止移动为止的时间。

2.3 飞行中 v in flight

自航空器为实际起飞而使用动力时起，至着陆冲程终止的过程（包含中断起飞阶段）。

2.4 机场活动区　airport movement area

机场内用于航空器起飞、着陆以及与此有关的地面活动区域，包括跑道、滑行道、机坪等。

2.5 民用航空器事故征候　civil aircraft incident

在航空器运行阶段或在机场活动区内发生的与航空器有关的，未构成事故但影响或可能影响安全的事件，分为运输航空严重事故征候、运输航空一般事故征候、运输航空地面事故征候和通用航空事故征候。

2.6 运输航空严重事故征候　air transportation serious incident

按照《大型飞机公共航空运输承运人运行合格审定规则》（CCAR—121）执行定期或非定期飞行任务的飞机，在运行阶段发生的具有很高事故发生可能性的事故征候。

2.7 运输航空一般事故征候　air transportation incident

按照《大型飞机公共航空运输承运人运行合格审定规则》（CCAR—121）执行定期或非定期飞行任务的飞机，在运行阶段发生的未构成运输航空严重事故征候的事故征候。

2.8 运输航空地面事故征候　air transportation ground incident

《大型飞机公共航空运输承运人运行合格审定规则》（CCAR—121）运行规范中所列的飞机，在机场活动区内，处于非运行阶段时发生的导致飞机受损的事件。

2.9 通用航空事故征候　general aviation incident

按照《一般运行和飞行规则》（CCAR—91）、《小型航空器商业运输运营人运行合格审定规则》（CCAR—135）执行飞行活动的航空器，在运行阶段发生的事故征候。

2.10 航空器受损　aircraft damage

航空器损坏程度低于航空器放行标准，仅轮胎损坏，或临时修理后符合放行标准的情况除外，如：打磨、填充、黏贴金属胶带等。用于教学飞行且最大审定起飞质量低于5 700 kg 的航空器受损修复费用超过同类或同类可比新航空器价值 10%（含）的情况。

2.11 人员轻伤　injury

使人肢体或者容貌损害，听觉、视觉或者其他器官功能部分障碍或者其他对于人身健康有中度伤害的损伤，包括轻伤一级和轻伤二级。

［最高人民法院、最高人民检察院、公安部、司法部 2013 年 8 月 30 日颁发自 2014 年1 月 1 日起施行的《人体损伤程度鉴定标准》］

注：本标准所指人员轻伤不适用于由于自然原因、自身或他人原因造成的人员伤害，以及藏匿于供旅客和机组使用区域外的偷乘航空器者所受的人员伤害等情况。

2.12 跑道侵入　runway incursion

在机场发生的任何航空器、车辆或人员错误的出现或存在指定用于航空器着陆和起飞的地面保护区的情况。根据事件的严重程度，跑道侵入分为：

A 类：间隔减小以至于双方必须采取极度措施，勉强避免碰撞发生的跑道侵入；

B 类：间隔缩小至存在显著的碰撞可能，只有在关键时刻采取纠正或避让措施才能避免碰撞发生的跑道侵入；

C 类：有充足的时间和（或）距离采取措施避免碰撞发生的跑道侵入；

D 类：符合跑道侵入的定义但不会立即产生安全后果的跑道侵入；

E 类：信息不足无法做出结论，或证据矛盾无法进行评估的情况。

注：分类来源于《国际民航组织 DOC9870 AN/463 防止跑道侵入手册》。

3. 运输航空严重事故征候

3.1 为避免航空器相撞或其他不安全情况，应做出规避动作的危险接近。在程序管制区域，垂直间隔和水平间隔同时小于 1/5 规定间隔；在雷达管制区域，垂直间隔和水平间隔同时小于规定间隔，且危险指数大于 90（含）的飞行冲突。

3.2 飞行中，未被定性为事故的相撞。

3.3 A 类跑道侵入。

3.4 几近发生的可控飞行撞地，危险指数大于 90（含）的。

3.5 在滑行道，或未指定、关闭、占用的跑道上中断起飞。

3.6 在滑行道，或未指定、关闭、占用的跑道上起飞。

3.7 在滑行道，或未指定、关闭、占用的跑道上着陆或尝试着陆。

3.8 在起飞或初始爬升过程中明显未达到预定性能。

3.9 飞行中，驾驶舱（内）、客舱（内）和货舱（内）起火或冒烟，或发动机起火，即使这些火被扑灭。同时满足下列条件的情况除外：

a）机上人员携带上机的电子设备的锂电池冒烟且未发现明火，如充电宝、移动通信设备、平板电脑、摄录设备等；

b）机组成员及时发现并妥善处置，且不需要采取如返航、备降等进一步措施；

c）未造成航空器受损和 / 或人员轻伤。

3.10 飞行中，座舱高度达到客舱氧气面罩自动脱落的情况，或出现烟雾 / 毒气等需要飞行机组成员使用氧气的情况。

3.11 未被列为事故的航空器结构受损或发动机解体，包括非包容性涡轮发动机失效。

3.12 飞行中，严重影响航空器运行的一个或多个系统出现的多重故障。

3.13 飞行中，飞行机组成员丧失工作能力符合下列情形之一的：

a）导致飞行机组成员数量或资质不满足该机型的最低配置；

b）在飞行关键阶段，飞行机组成员在飞行操作岗位丧失工作能力。

3.14 燃油量或燃油分布需要飞行员宣布紧急状态的情况。

3.15 起飞或着陆中，冲出、偏出跑道或跑道外接地。

3.16 造成航空器操纵困难的系统故障、天气现象、飞行超出批准的飞行包线或其他情况。

3.17 飞行中，必需的飞行引导与导航冗余系统中一个以上的系统失效。

3.18 未被列为事故的起落架收回着陆。

3.19 飞行中，机轮之外的航空器其他部位擦地，不包括以下情况：

a）未造成航空器受损的机尾（不含尾橇）擦地；

b）仅擦尾橇且未造成除尾橇之外的航空器其他部位受损。

3.20 类似上述条款的其他事件。

4. 运输航空一般事故征候

4.1 为避免航空器相撞或其他不安全情况，应做出规避动作的危险接近。在程序管制区域，垂直间隔和水平间隔同时小于 1/3 但未同时小于 1/5 规定间隔；在雷达管制区域，垂直间隔和水平间隔同时小于规定间隔，且危险指数介于 75（含）至 90 之间。尾流间隔小于 1/2 规定间隔。

4.2 B 类跑道侵入。

4.3 有发生可控飞行撞地风险，危险指数介于 75（含）至 90 之间的。

4.4 平行跑道同时仪表运行时，航空器进入非侵入区（NTZ），导致其他航空器避让。

4.5 平行跑道同时仪表运行时，机组没有正确执行离场或者复飞程序导致其他航空器避让，或者管制员错误的离场或复飞指令导致其他航空器避让。

4.6 在滑行道，或未指定、关闭、占用的跑道上，仪表进近时从机场标高 300 m 至决断高度（高）或最低下降高度（高）复飞，目视进近时从机场标高 150 m 至机场标高 60 m 复飞。

4.7 航空器未在规定起飞构型而继续起飞。

4.8 未取下操纵面夹板、挂钩、空速管套、静压孔塞或尾撑杆等而起飞。

4.9 航空器携带外来物飞行，造成航空器受损或操纵困难。

4.10 航空器着陆前起落架未放到位，高度下降到机场标高 100 m 以下。

4.11 飞行中航空器超过该机型的使用最大过载，且造成航空器受损。

4.12 飞行中出现失速警告持续 3 s（含）以上（假信号除外）。

4.13 飞行中出现任意一台发动机停车或需要停车的情况。

4.14 区域范围内陆空通信双向联系中断 15 min（含）以上，且造成调整其他航空器避让等后果；进近或塔台范围内陆空通信双向联系中断 3 min（含）以上或造成调整其他航空器避让等后果。

4.15 误入禁区、危险区、限制区、炮射区或误出、入国境。

4.16 迷航。

4.17 机组没有正确执行管制指令，或管制员发出错误指令，导致航空器偏离指定航线（迹）或航路中心线超过 25 km。

4.18 飞偏或飞错进离场航线并造成其他航空器避让。

4.19 航空器部件缺失、蒙皮揭起或张线断裂，且造成航空器受损。

4.20 轮胎爆破或脱层，造成航空器其他部位受损或航空器操纵困难。

4.21 飞行中遭雷击、电击、鸟击、冰击、雹击或其他外来物撞击，造成航空器受损。

4.22 在飞行中以外的运行阶段，航空器与航空器、车辆或其他物体相撞造成航空器受损或人员轻伤。

4.23 由于货舱的货物、邮件、行李、集装器等的装载与固定等原因，导致航空器受损，或飞行中超出重心限制，或航空器操纵困难。

4.24 航空器载重平衡计算或输入与实际不符，造成飞行中超出重心限制或航空器操纵困难。

4.25 危险品破损、溢出、渗漏或包装未能保持完整等情况，造成航空器受损或人员轻伤。

4.26 飞行时间内，餐车、储物柜等客舱内设施设备滑出或跌落，造成航空器受损或人员轻伤。

4.27 飞行中遇有颠簸或其他原因造成人员轻伤。

4.28 航空器超过最大允许起飞质量起飞。航空器超过最大允许着陆质量着陆并造成航空器受损。

4.29 在起飞、着陆或复飞过程中，在跑道上擦机尾，未造成航空器受损，或仅需维修/更换尾橇。

4.30 除飞行中外的运行阶段，航空器（内）或发动机起火或冒烟，即使这些火被扑灭。同时满足下列条件的情况除外：

a）机上人员携带上机的电子设备的锂电池冒烟且未发现明火，如充电宝、移动通信设备、平板电脑、摄录设备等；

b）未造成航空器受损和/或人员轻伤。

4.31 飞行中，除 3.10 外，座舱高度达到该运行阶段应当触发座舱高度警告的条件，且需要飞行机组成员使用氧气的情况。

4.32 飞行中，除 3.13 外，飞行机组成员丧失工作能力，符合下列情形之一的：

a）导致其他飞行机组成员的飞行时间超过《大型飞机公共航空运输承运人运行合格审定规则》（CCAR—121）规定的时限；

b）飞行关键阶段以外在飞行操作岗位丧失工作能力。

4.33 类似上述条款的其他事件。

5. 通用航空事故征候

5.1 在滑行道，或未指定、关闭、占用的跑道上起飞或着陆（经批准的直升机运行除外）。

5.2 冲出、偏出跑道或跑道外接地，导致航空器受损或人员轻伤。

5.3 落错机场、跑道（临时起降点除外）。

5.4 起落架未放到位着陆，造成航空器受损或人员轻伤。

5.5 迫降。

5.6 迷航。

5.7 飞行中挂碰障碍物，造成航空器受损（仅滑橇、尾橇损坏除外）或人员轻伤。

5.8 飞行中，单驾驶员或多人制机组中机长在飞行操作岗位丧失工作能力。

5.9 飞行中遇颠簸导致航空器受损或人员轻伤。

5.10 飞行时间内，航空器（内）或发动机起火，导致航空器受损或人员轻伤。

5.11 飞行中未经批准进入禁区、危险区、限制区、炮射区或误出国境。

5.12 飞行中航空器操纵面、发动机整流罩、外部舱门或风挡玻璃脱落，蒙皮揭起或张线断裂，造成航空器操纵困难。

5.13 飞行中航空器的任一主操纵系统完全失效。

5.14 飞行中进入急盘旋下降、飘摆、失速状态（特定训练科目除外）。

5.15 飞行中发动机停车（特定训练科目除外）。

5.16 飞行中失去全部电源。

5.17 因天气现象或系统故障等原因不能保持安全高度。

5.18 未取下航空器操纵面夹板、挂钩、空速管套、静压孔塞或尾撑杆等而起飞，并造成航空器操纵困难。

5.19 按目视飞行规则飞行的航空器长时间进入仪表气象条件。

5.20 带外荷载飞行，由于操纵不当等原因导致航空器受损或人员轻伤。

5.21 直升机飞行中发生旋翼颤振，造成航空器操纵困难。

5.22 直升机在高度 300 m 以下进入涡环状态。

5.23 陆空通信双向联系中断大于 30 min（含），并造成调整其他航空器避让等后果（特殊要求除外）。

5.24 无意或作为应急措施有意释放吊挂负载或航空器外部搭载的任何其他负载。

5.25 在起飞或初始爬升过程中明显未达到预定性能。

5.26 类似上述条款的其他事件。

6. 运输航空地面事故征候

6.1 航空器与航空器、车辆、设备、设施刮碰造成航空器受损。

6.2 航空器未依靠自身动力移动，造成自身或其他航空器受损。

6.3 外来物造成航空器受损（轮胎扎伤除外）。

6.4 加油设备、设施起火、爆炸造成航空器受损。

6.5 在加油、抽油过程中造成航空器受损或因航油溢出起火、爆炸造成航空器受损。

6.6 车辆、设备、设施起火、爆炸造成航空器受损。

6.7 载运的物品起火、爆炸、外泄造成航空器受损。

6.8 工作人员在值勤和服务过程中造成航空器受损。

6.9 在装卸货物、行李、邮件和食品过程中造成航空器受损。

6.10 类似上述条款的其他事件。

附录 2 民用航空器维修事故与差错

1. 术语和定义

下列术语和定义适用于 MH/T 3010 的本部分。

1.1 维修活动 maintenance activities

对航空器、航空器部件及维修设施所进行的管理、使用、检查、维护、修理、排故、更换、改装、翻修等活动。

1.2 维修事故 maintenance accidents

在维修活动中，由于维修责任造成的具有巨大直接经济损失的航空器、航空器部件、车辆、设备、设施损坏和人员重伤或人员死亡的事件。

1.3 维修事故征候 maintenance incidents

在维修活动中，由于维修责任造成的严重威胁飞行安全的事件或具有重大直接经济损失的航空器、航空器部件、车辆、设备、设施损坏和人员致残，但其程度未构成维修事故的事件。

1.4 维修差错 maintenance errors

在维修活动中，由于维修责任造成的威胁飞行安全、违反适航规章或具有一定直接经济损失的航空器、航空器部件、车辆、设备、设施损坏和人员受伤，但其程度未构成维修事故征候的事件。

1.5 直接经济损失 direct economic loss

航空器、航空器部件、车辆、设施和设备等的修复费用，包括材料费、工时费和运输费。

1.6 运行 operation

自任何人登上航空器准备飞行直至这类人员离开航空器为止的时间内所完成的飞行活动。

1.7 人员重伤 serious injury

某一人员在航空器地面事故中受伤，经医师鉴定符合下列情况之一者：

a）自受伤之日起 7 d 内需要住院 48 h 以上；

b）造成骨折 (手指、足趾或鼻部单纯折断除外)；

c）引起严重出血的裂口，神经、肌肉或腱的损坏；

d）涉及内脏器官受伤；

e）有二度、三度或超过全身面积 5% 以上的烧伤；

f）已证实暴露于感染性物质或有伤害性辐射。

1.8 人员死亡　fatality

自航空器地面事故发生之日起 30 d 内，由本次事故导致的死亡。

1.9 重大飞行事故　serious flight accident

凡属下列情况之一者：

a）人员死亡，死亡人数在 39 人及其以上；

b）航空器严重损坏或迫降在无法运出的地方［最大起飞质量在 5.7 t（含）以下的航空器除外］；

c）航空器失踪，机上人员在 39 人及其以上。

1.10 一般飞行事故　general flight accident

凡属下列情况之一者：

a）人员重伤，重伤人员在 10 人及其以上；

b）最大起飞质量在 5.7 t（含）以下的航空器严重损坏，或迫降在无法运出的地方；

c）最大起飞质量 5.7~50 t（含）的航空器一般损坏，其修复费用超过事故当时同型或同类可比新航空器价格的 10%（含）；

d）最大起飞质量 50 t 以上的航空器一般损坏，其修复费用超过事故当时同型或同类可比新航空器价格的 5%（含）。

2. 维修事故与差错分类

维修事故与差错分为：

a）特大维修事故；

b）重大维修事故；

c）一般维修事故；

d）维修事故征候；

e）维修严重差错；

f）维修一般差错。

3. 特大维修事故

由于维修造成下列情况之一者为特大维修事故：

a）航空器及部件在地面发生损坏，直接经济损失超过事故当时同型或同类可比新航空器 (最大起飞质量小于或等于 5.7 t 的航空器除外) 整机价格的 3% 或超过 500 万元（含），以低限为准；

b）在地面发生事故人员死亡 4 人（含）以上；

c）重大飞行事故。

4. 重大维修事故

由于维修造成下列情况之一者为重大维修事故：

a）航空器及部件在地面损坏，直接经济损失超过事故当时同型或同类可比新航空器（最大起飞质量小于或等于 5.7 t 的航空器除外）整机价格的 1% 或直接经济损失 100 万元

（含）~500 万元，以低限为准；

b）在地面发生事故人员死亡 3 人（含）以下；

c）地面设备、厂房设施损坏，直接经济损失 100 万元（含）～ 500 万元；

d）一般飞行事故。

5. 一般维修事故

由于维修造成下列情况之一者为一般维修事故：

a）造成航空器及部件在地面损坏，直接经济损失超过事故当时同型或同类可比新航空器（最大起飞质量小于或等于 5.7 t 的航空器除外）整机价格的 0.5% 或直接经济损失 50 万元 (含)~100 万元，以低限为准；

b）地面设备、厂房设施损坏，直接经济损失 50 万元（含）～ 100 万元；

c）人员重伤。

6. 维修事故征候

由于维修造成下列情况之一者为维修事故征候：

a）航空器及部件发生损坏，直接经济损失超过 20 万元（含）；

b）地面设备、厂房设施损坏，直接经济损失超过 10 万元（含）；

c）活塞式发动机在未关磁电机的情况下，扳动螺旋桨；

d）未按规定取下航空器的堵塞、管套、销子、夹板、尾撑等，航空器起飞；

e）任何系统工作失效，导致需启用应急系统或航空器紧急下降；

f）未取得航空器的国籍登记证、适航证和无线电台执照，擅自放行航空器从事飞行活动；

g）未按中国民用航空总局适航维修部门批准或认可的维修大纲、维修方案和部件维修手册进行维修或修理民用航空器及部件，并造成航空器不能正常使用；

h）航空器加注规格不符合要求的液压油、滑油后起飞；

i）航空器在低于规定的最少滑油量、液压油量时起飞；

j）航空器在低于《最低设备清单》和《外型缺损清单》标准的情况下放行并起飞；

k）运行中，航空器操纵面、发动机整流罩、舱门、风挡玻璃飞掉，蒙皮揭起或张线断裂；

l）运行中，航空器机轮脱落；

m）运行中，维护、检查盖板脱落，造成航空器受损；

n) 航空器在起飞滑跑速度小于抬前轮速度 37 km/h（20 km）时至上升高度达到 300 m 的过程中，发动机停车；在上升、平飞、下降过程中，三发（含）以上航空器多于一台发动机停车；

o）在空中，航空器的主要操纵系统出现卡阻或襟翼、缝翼失效；

p）直升机飞行中发生旋翼颤振；

q）发动机、起落架舱或操纵系统带外来物飞行；

r）直升机飞行中，发生该机型飞行手册规定的需立即着陆的故障；

s）凡未达到维修事故等级，但性质严重的其他事件。

7. 维修严重差错

由于维修造成下列情况之一者为维修严重差错：

a）人员受伤，脱离原工作岗位 30 d（含）以上；

b）航空器及部件损坏，直接经济损失超过 10 万元（含）；

c）地面设备、厂房设施损坏，直接经济损失超过 5 万元（含）；

d）机动车辆刮碰航空器，造成航空器损伤；

e）因未按规定挡轮挡或使用刹车等维修责任，导致地面试车时航空器发生移动，但未造成其他后果；

f）在航空器维修工作中漏做工作单（卡）规定的内容；

——加错燃油、液压油、滑油，但未造成后果；

——发动机未加滑油开车，但未造成后果；

——没有整机放行权的人员签署整机放行，并造成航空器起飞；

——因违章维修造成航空器中断起飞或返航；

——航空器使用失效的或复印的航空器国籍登记证、适航证和无线电台执照；

——未经中国民用航空总局适航审定部门批准，擅自在已取得适航证的航空器上进行重大改装工作；

——未经中国民用航空总局适航审定部门批准，擅自在航空器上安装、使用其他机载设备和客、货舱服务设施（非固定式旅客服务设施除外）；

——未按规定时间及程序完成中国民用航空总局适航审定部门颁发的适航指令；

——未经批准，航空器时控件超时使用；

——未经批准，航空器偏离维修周期检修；

——在航空器上使用未经批准的航材；

——航空器不带飞行记录本飞行；

——滑油箱加油口盖未盖好，航空器起飞；

——在航空器上升、平飞、下降及着陆接地前，一台发动机停车；

——活塞式发动机停车后，未关磁电机开关；

——因操作不当，使加温机起火，爆炸或伤人；

——维修工作单（卡）中维修工作项目未做完就签字；

——未拔电源插头就移动电源车，造成航空器电源插头或机体损伤；

——重要附件（发动机、起落架、操纵系统）修理及装配中漏检、漏项、漏装和错装，并造成后果（航空器停场、航班延误、增加维修工作等）；

——由于维修责任造成发动机温度、转速超过最大允许值及时间限制，导致发动机损坏，需要拆下进行修理；

——在滑跑中，轮胎爆破或脱层，造成航空器及其部件受损或影响飞行操作性；

——凡未达到事故征候等级，但性质比较严重的其他事件。

8. 维修一般差错

由于维修造成下列情况之一者为维修一般差错：

a）航空器及部件损坏，直接经济损失超过 5 万元（含）；

b）地面设备、厂房设施损坏，直接经济损失超过 2 万元（含）；

c）违章操作致使工具损坏，直接经济损失在 5 000 元（含）以上；

d）因违章维修造成航空器延误或取消；

e）维修过程中丢失工具；

f）未按规定系留或挡轮挡致使航空器移动，但未造成后果；

g）未取夹板放襟翼，但未造成后果；

h）除直升机外，带系留开车；

i）使用的维修工具未采用登记或打号注册等有效控制手段，被领取进行维修活动，但未造成后果；

j）使用超期计量器具，但未造成后果；

k）航空器停留或过夜，未按规定装上堵塞、管套、销子、夹板、尾撑和系留等；

l）未按规定的温度要求扳转活塞式发动机螺旋桨；

m）部件修理由于维修人员责任造成零小时返厂；

n）凡未达到严重差错等级的其他事件。

参 考 文 献

[1] 朱丽君，刘珂 . 人为因素和航空维修法规（ME、AV）［M］. 北京：兵器工业出版社，2006.

[2] 李学仁，杜军，罗敏 . 国际航空人为因素研究现状［M］. 北京：国防工业出版社，2013.

[3] 张晓芳，谢中朋 . MEDA 理念在民航维修差错管理中的应用研究［J］. 安全，2020，41（8）：77-80.

[4] 赵瑞贤，郭基联，王卓健，等 . 航空维修差错管理理论与实践［M］. 北京：国防工业出版社，2013.

[5] 惠晓滨 . 航空维修事故预防与监控［M］. 北京：国防工业出版社，2014.

[6] 花迎春 . 航空维修中的人为因素及应用［M］. 北京：中国民航出版社，2010.

[7] 中国民用航空总局航空器维修人的因素课题组 . 人的因素案例集：民用航空器维修差错［M］. 北京：中国民航出版社，2003.

[8] 王端民 . 航空维修差错管理与控制［M］. 北京：国防工业出版社，2014.

[9] 李学仁，杜军，王红霞 . 维修差错导致的民用航空事故案例分析汇编［M］. 北京：国防工业出版社，2013.

[10] 陈东锋，矫贞刚，张国正 . 人的因素与飞行安全［M］. 北京：国防工业出版社，2016.

[11] 罗晓利 . 飞行中人的因素［M］. 成都：西南交通大学出版社，2002.

[12] 王迎新 . 航空安全与航空事故防范实用手册［M］. 北京：光明日报出版社，2002.

[13] 蒋绍新 . 飞机发动机试车的差错管理［OL］.［2014-09-01］http://www.ccaonline.cn/hangjia/article/194557.html.

[14] 南航机务系统 . 中国南方航空 APS 手册，2015.

[15] 郭润夏 . 飞机维修 APS 理论 [M].2 版 . 北京：航空工业出版社，2018.